LE

LIVRE D'OR

POÉSIES CHOISIES

EXTRAITES DU PARNASSE

PARIS

AUX BUREAUX DU PARNASSE

Rue du Val-de-Grâce, 21

ET CHEZ LES LIBRAIRES CORRESPONDANTS

—

MDCCCLXXIX

LE LIVRE D'OR

LAIGLE (ORNE). — IMPRIMERIE P. MONTAUZÉ

BIBLIOTHÈQUE DU PARNASSE

LE LIVRE D'OR

POÉSIES CHOISIES

EXTRAITES DU PARNASSE

PARIS

AUX BUREAUX DU PARNASSE

Rue du Val-de-Grâce, 21

ET CHEZ LES LIBRAIRES CORRESPONDANTS

—

MDCCCLXXIX

A NOS LECTEURS

—

Ce titre, le Livre d'or du Parnasse, *indique suffisamment* ce que peut être le recueil que nous vous présentons aujourd'hui, chers lecteurs ; aussi laissant de côté les explications qui vous paraîtraient à coup sûr fastidieuses, nous vous dirons simplement.

Le Parnasse *vous offre ce livre nouveau-né, comme un souvenir de sa première année, recevez-le avec bienveillance et puissiez vous, après l'avoir lu, ne pas oublier trop vite les auteurs dont il est l'œuvre collective.*

PREMIÈRE PARTIE

MM.	MM.
Paul Alexis.	L. Halévy.
Th. de Banville.	A. Houssaye.
A. Barbier.	V. Hugo.
G. Berry.	V. de Laprade.
H. de Bornier.	G. Mendès.
H. Cantel.	E. Manuel.
A. de Chatillon.	G. Picard.
Clairville.	T. Révillon.
F. Coppée.	A. Scholl.
A. Creissels.	J. Soulary.
A. Desamy.	Sully Prudhomme.
P. Elzéar.	Villiers de l'Isle-Adam.
A. des Essarts.	A. Vingtrinier.
Emm. des Essarts.	

-oXGXo-

LE

LIVRE D'OR

UNE BOULEVARDIÈRE

A MADAME LA PRINCESSE RATAZZI.

Curieuse au cœur las, pleine de hardiesse,
Adorant l'imprévu, courtisant le hasard,
Grande dame d'ailleurs, parfaitement... comtesse
Authentique, elle aimait beaucoup le Boulevard.

D'un intrépide pied, sans rougeur à la joue,
Elle s'aventurait sur le trottoir impur :
Elle savait passer, suave, dans la boue,
Comme une Béatrix marchant en plein azur.

J'en étais amoureux, j'en étais même bête.
J'allais l'attendre au coin du passage Jouffroy,
N'ayant jamais encore aimé de femme honnête,
Goûtant près d'un kiosque un vague et saint effroi.

Mais elle apparaissait. Sous ses brides nouées
Elle montrait le col blanc et fier d'Astarté,
Et je m'imaginais marcher sur des nuées
Avec cette splendeur hautaine à mon côté.

Comme une goëlette étrange, pavoisée
D'un court ruban grenat, — provoquant pavillon
Qui flottait au-dessous de sa nuque frisée, —
Pâle et la joue enduite un peu de vermillon,

Elle fendait la foule en laissant un sillage
De gommeux impuissants et de vieillards pensifs,
Tandis que l'orgueilleux satin de son corsage
Se tendait plus luisant sous les regards lascifs.

Autour d'elle, le gaz flamblait : chaque boutique
Nous jetait au passage un éblouissement ;
Et le luxe moderne et la débauche antique
Exaltaient mon ivresse et ma gloire d'amant.

C'était un courant large et trouble, — Une cohue
De filles, d'étrangers, de badauds, de voyous, —

Un éclatant bazar dans la lumière crue,
Un carnaval grouillant et fantasque de fous.

Les joueurs se poussaient aux Agences de course,
Anxieux, comme autour d'un coup de baccara ;
Et les agioteurs de la petite Bourse
Encombraient le passage étroit de l'Opéra.

Sur la grande chaussée un fleuve de voitures
Mystérieusement dans la nuit s'écoulait.
Des femmes attendaient contre les devantures.
Un vent âcre et bouillant de luxure soufflait.

Mais elle restait froide au milieu de ces fièvres.
Pourtant elle voulait tout entendre, tout voir,
Et jamais le dégoût ne lui plissait les lèvres,
Et rien ne ternissait son œil candide et noir.

Paul ALEXIS.

MIL HUIT CENT TRENTE

-o❊o-

Les voilà. Ce sont eux, les héros qui délivrent !
J'entends leurs cris d'amour et leurs voix qui m'enivrent,
Et, dans la route sûre où je suivrai leurs pas,.
Je vois tous ces vainqueurs de l'ombre et du trépas.
Byron n'est plus ; il dort dans la gloire suprême,
Mais adoré, superbe, et la Muse elle-même,
De son âme brisée emportant le meilleur,
Baisa le pâle front de ce Don Juan railleur.
Lamartine aux beaux yeux, qui charme et qui soupire,
Près du lac frissonnant chante encore son Elvire ;
Les deux Deschamps, brisant la maille et les réseaux,
S'élancent dans l'air libre ainsi que des oiseaux ;
Sainte-Beuve revoit ses maux et nous les conte ;
Vigny, doux et hautain, sous son manteau de comte
Cache pieusement notre orgueil indompté ;
Musset, les yeux brûlants, pâle de volupté,
Sent dans son cœur brisé naître la poésie ;
Barbier rugit, Moreau célèbre sa Voulzie ;

En Valmore Sapho s'éveille et chante encor ;
Delphine, sa rivale, en ses longs cheveux d'or
Triomphe, poétesse à la toison vermeille ;
Laprade s'est penché sur Psyché qui sommeille ;
Méry taille et sertit, merveilleux joaillier,
Les rubis indiens en un rouge collier ;
Brizeux nous a rendu les fiers accents du Celte ;
Sous ses longs cheveux noirs, beau rhapsode au corps svelte,
Théophile Gautier, qui semble un jeune dieu,
Réfléchit l'univers dans sa prunelle en feu,
Et quand Heine, d'un vers joyeux et plein de haine
Perce les serpents vils de la Bêtise humaine,
On croit voir sur la fange et dans l'impur vallon
Pleuvoir les flèches d'or de son père Apollon.

Théodore DE BANVILLE.

CHANT DE PRINTEMPS

-o※o-

Voici que du soleil la brillante courrière,
L'étoile du matin, sort dansante et légère
Du ciel oriental et conduit sur ses pas
Mai fleurissant qui laisse échapper de ses bras
Le jaune bouton d'or, la pâle primevère.

Salut, Mai bienfaisant, salut beau mois des fleurs,
Toi, dont la fraîche haleine, aux suaves odeurs,
Infuse dans les cœurs et souffle dans les âmes
Les désirs jeunes, doux, pleins d'amoureuses flammes.
Salut, Mai bienfaisant, salut beau mois des fleurs !

Les bosquets et les bois revêtent ta parure ;
Les prés te font honneur des biens que ta main pure
Leur verse, aussi d'un chant matinal nous fêtons
Ton aimable présence et, gais, nous souhaitons
Que, sans troubles fâcheux parmi nous, elle dure.

(Imité de Milton.)

Auguste BARBIER.

PARIS

SONNET

Paris l'on t'a chanté, Paris l'on t'a maudit ;
Quand celui-là t'abaisse, un autre te grandit.
Tu donnes, sans compter, la fortune ou la honte,
Et ton favori tombe aussi vite qu'il monte.

Dans tes larges trésors on puise, on s'étourdit,
Chez toi, le plus timide emprunteur s'enhardit :
Mais hélas ! tes billets ont l'échéance prompte ;
Plus riches sont tes prêts, plus terrible est l'escompte.

Tes plaisirs, tes succès, tout est brillant, mais faux ;
Car tu sais plaquer d'or les plus abjects métaux.
Dans ton temple se vend et l'amour et la gloire,

Le talent est soumis à l'invincible argent...
Abominable enfer, je t'aime cependant,
Pour tes nombreux héros, et pour ta grande histoire.

Georges BERRY.

QU'EST-CE QUE LA VIE ?

-o✳o-

ns savoir où l'on va marcher dans la nuit sombre ;
ntir sous son esquif monter les flots trompeurs ;
ntendre à chaque instant un malheureux qui sombre,
: décourage ainsi les plus hardis lutteurs.

ercher, chercher partout un rayon de lumière,
oire enfin l'entrevoir, le désirer plus pur ;
mployer à ce but travail, effort, prière,
t n'avoir sous ses pas qu'un chemin plus obscur.

ur reposer un peu dans la rude tempéte,
appuyer confiant sur la sainte amitié ;
t ne trouver jamais qu'une âme toujours prête
feindre sans pudeur, à trahir sans pitié.

e pouvoir éprouver un seul moment de joie,
ns qu'un nouveau malheur ne le trouble avec art :
u plus cruel destin, sans cesse être la proie,
uffrir à l'arrivée et souffrir au départ.

Voilà ce qu'en ce monde on appelle la vie,
Si lente à s'écouler et si prompte à finir,
Que les uns nomment drame et d'autres comédie,
Mais qui n'est qu'un exil d'où l'on doit revenir.

Georges BERRY.

MARIE

-o>o-

On l'appelait Marie; elle avait des yeux bleus,
Que semblait assombrir une douleur amère.
Son âge, on l'ignorait. Par un rapt odieux,
D'infâmes malfaiteurs avaient privé sa mère
De ses tendres baisers.

           Un grand froid rougissait
Son corps tout grelottant, qu'un chiffon d'un blanc sale
Ne couvrait qu'à demi.

           La foule se pressait
Béate, regardant cette enfant frêle et pâle,
Car un homme avait dit qu'elle allait travailler.

Une vieille ribaude en costume de foire,
La tenant par la main, essayait d'érailler
Une annonce; et le chef dans une vase noire

Ra massait quelques sous jetés par des badauds.
Sa récolte finie, et content de sa quête,
Notre Hercule promit ses tours les plus nouveaux,
Recommandant surtout la grande pirouette
De Marie.

       Aussitôt un affreux tremblement
Parcourut, tout entier, ce pauvre petit être
Qui sentait approcher le funeste moment.
« Paresseuse, viens donc ici, » tonna le maître;
Puis pliant sur lui-même et faisant un effort,
Brutal, il arracha de terre sa victime,
Et la lança dans l'air, sans le moindre remord,
Tant le vaurien avait l'habitude du crime.

Il semblait triomphant de sa brutalité,
Et tout fier de tenir cette enfant sous sa crainte,
A la voir en péril, mettait sa vanité.
Tout à coup, on entend comme une longue plainte,
Un soupir étouffé demandant du secours ;
Quelques gouttes de sang viennent tacher la terre ;
Un corps inanimé s'affaisse. Pour toujours
Marie était heureuse ; elle avait une mère
Adoptive, LA MORT, à qui nul ne pourrait

Désormais l'enlever.

La foule alors, honteuse
D'avoir ainsi laissé commettre un tel forfait,
S'écoula lentement toute silencieuse.

Georges Berry.

LES CIGALIERS AUX FÉLIBRES

—

Ode lue au Banquet offert par la *Cigale*
Aux *Félibres* venus a Paris pendant l'Exposition
Le 24 octobre 1878

Au nom des Cigaliers, salut à vous, Félibres !
Prenez place avec nous au banquet fraternel,
Poètes du Midi, rivaux unis et libres,
Travailleurs de l'idée et de l'art éternel ;

Venez, dans ce Paris, ruche immense d'abeilles,
Spectacle que nos yeux ne croyaient plus revoir,
De la science humaine admirer les merveilles
Et surtout y chercher l'exemple et le devoir.

O poëtes, parmi ces ivresses, ces fêtes,
Ces batailles sans haine et ces gloires sans deuil,
Où le vainqueur partage aux vaincus ses conquêtes,
Le poète a ses droits comme son juste orgueil.

La science active et féconde
Va, des obstacles triomphant,
Demander le secret du monde
A Dieu qui permet ou défend;
Elle déchiffre les algèbres
Comme un pasteur dans les ténèbres
Compte ses troupeaux au bercail,
Ou dans la nue hospitalière
Emporte, sublime écolière,
Les outils sacrés du travail !

Oui, la science, l'industrie,
Fait monter, par un noble effort,
Aux mamelles de la patrie
Le lait qui rendra l'homme fort;
Elle crie : En avant sans cesse !
« Ces montagnes, qu'on les abaisse;
« Ces fleuves, ces mers, comblez-les ! »
Et sa puissance souveraine
Donne un jour à la cité reine
Un diadème de palais !

»ilà son lot superbe et sa gloire choisie.
ıe te reste-t-il donc à toi dans notre temps ?
-t-on déshérité tes fils, ô Poésie ?
t ne sont-ils donc rien que des roseaux chantants ?

Non, non ! Ils ont leur part dans la grande œuvre à faire,
L'Art est le souffle ardent du vaisseau remorqueur ;
Chanter, c'est travailler, quand le chant est sévère,
Quand il sert la patrie en lui haussant le cœur !

Poètes, en ces jours pleins de mâle espérance,
Dieu nous réserve à nous une gloire ici-bas :
C'est d'aimer, de servir, de soutenir la France,
Dans ses enfantements comme dans ses combats !

Tout ce qui n'est pas fait pour elle est éphémère.
Ceux qui la railleraient, frivoles ou jaloux,
Ressemblent à l'enfant qui rirait de sa mère :
Le rire peut tuer. — Parricide, à genoux !

Grâce à Dieu, la race nouvelle
N'a pas de ces vils persifleurs ;
On lutte, on souffre, on meurt pour elle,
Sans accuser la mère en pleurs ;
Aujourd'hui, quand son deuil s'éloigne,
Notre allégresse lui témoigne
Un amour plus profond encor ;
Chantons sa force rajeunie,
O poètes, et son génie
Dont la paix élargit l'essor !

Que notre voix tendre et fidèle
La suive comme aux temps passés ;
N'ayons que des chants dignes d'elle :
Ce sera la servir assez !
Aux jours de sanglante épopée
La lyre a fait œuvre d'épée...
Qu'elle en garde les fiers frissons.
Et que la France calme et libre
Retienne dans son cœur qui vibre
L'écho de nos mâles chansons !

Henri de BORNIER.

LE BRACELET D'ARGINE

-o✗o-

Une vipère d'or, avec art ciselée,
Sous le point d'Alençon, s'enroule en bracelet
Autour de ton bras rond et blanc comme du lait,
Qu'eût teinté d'une rose une feuille envolée.

Deux yeux à fleur du front luisent, deux diamants,
Comme pour menacer l'amour, s'il a l'audace,
Argine, de frôler, de loin même, ta grâce,
Que convoite l'essaim butineur des amants.

Sous mes désirs, folie ! un soir s'est animée
La vipère, dardant sa langue envenimée ;
Puis quittant ton poignet aux contours fins et beaux,

Pleine de tes parfums d'ambre et de mousseline,
Je la vis se glisser, tortueuse, câline,
Pour enserrer mon cœur entre ses froids anneaux.

Henri Cantel.

1ᵉ

MOUTONNET

C'nest pas d' ma faut' si j'ai bu,
C'est Moutonnet qu'est l' coupable.
C'est un chien qui n'a qu'un but :
Celui d' manger sous chaqu' table.
Moi, je l' suis parc' que j'y tiens,
A c' Moutonnet. J' l'y dis : viens !
Y n' sort pas. J' demande un' goutte.
Car c' t'animal est coquin ;
Ou s' qu'il entre sur la route ?
C'est chez tous les marchands d' vin.

Il est beau, c'est un caniche.
Il a l'esprit d'aujourd'hui.
Y en a plus d'un qui s'en fiche,
Mais qui n'en a pas tant q'u' lui.
— Viens, m' n'ami, que j' te caresse ;
Je t'aime, c'est ma faiblesse.

T'es vicieux, c'est toi qui m' perds...
Et tu m'entraînes sans cesse.
Aussi, je m'en vas d' travers,
En rentrant chez notre hôtesse.

Ell' plaisant' pas, tu sais bien.
Qu'est c' qu'a grogn'ra la bourgeoise ?
J' dirai qu' c'est ta faut' mon chien,
Sitôt qu'on va m' chercher noise.
Toi, n' réponds rien, ne boug' pas.
J' tapp' dessus a tour de bras,
Si jamais a t' carillonne.
Sois fier ! j'ai payé l'impôt,
Et tu n' dois rien à personne.
Gare à qui touche à ta peau.

Oui, Moutonnet, bonne bête,
T'es le meilleur des amis !
Ta muselière t'embête.....
Mais l'ôter n'est pas permis.
— Tiens ! je suis un rien qui vaille ;
T'aurais eu la grand' médaille,
Puisque t'es le plus beau chien.
Si tu n' l'as pas t'en es cause,
Puisque je n' pens' plus à rien
Pendant l' temps que j' prends quéqu'chose.

J'ai pas la croix d'honneur, moi !
Qu'est c' que ça t' fait, puisque j' t'aime.
Tu n'as pas la médaille toi ;
Nous roulons not' boss' tout d' même.
Va, bravons notre destin !
Allong' ta patt' dans ma main,
Notre amitié nous rassemble.
J' bois encore un' goutt' !... c'est tout.
Attends, nous fil'rons ensemble.
Mais n' mang' pas toujours partout.

Aug. DE CHATILLON.

MARTON

FANTAISIE

-o¦¦o-

Connaissez-vous Marton la Rousse
Fraîche comme fleur au printemps ?
Elle est aussi forte que douce,
De plus elle a cinq pieds un pouce
Et n'a pas encore vingt ans.

Femelle de par la nature,
Ses attraits, son gentil jargon,
Elle est mâle par sa structure,
Mâle par son architecture,
C'est un ange et c'est un dragon.

Ses appas, les plus beaux du monde,
Sortant d'un corsage grossier,
Se montrent, sous leur forme ronde,
Comme une double mappe-monde
Qui semble de marbre ou d'acier.

Et c'est si vrai qu'à la Saint-Pierre,
Se croyant seule dans le bois,
Près d'un noyer, le petit Pierre,
La vit, sur sa gorge de pierre
S'amuser à casser des noix.

Ses mains sont des tenailles comme
L'amour en forge rarement.
Elle a des bras à tordre un homme
Et des pieds à faire un bon somme
Dans un complet isolement.

Qui veut badiner avec elle
Peut passer de mauvais moments.
Ce n'est pas qu'elle soit cruelle,
Mais, même pour être infidèle,
Elle veut choisir ses amants.

Jamais rien ne la désarçonne,
Riant des plus vigoureux gas,
Dans les blés quand elle moissonne
Elle ne redoute personne,
Arpin ne la tomberait pas.

Eh bien. Marton c'est ma Chimène,
Je l'aime, non pour sa beauté,

Non, parce qu'elle est inhumaine,
Je l'aime comme phénomène
Et comme curiosité.

Grâce à sa force incalculable,
Comme épouse elle en vaudrait dix
Par sa nature inébranlable ;
Il n'est pas de femme semblable ;
Et voilà pourquoi je vous dis :

Connaissez-vous Marton la Rousse
Belle comme fleur au printemps ?
Elle est aussi forte que douce,
De plus elle a cinq pieds un pouce
Et n'a pas encore vingt ans.

CLAIRVILLE.

REGAIN D'AMOUR

-o§§o-

Au paradis d'amour, mon enfant, tu le sais,
On ne mord qu'une fois la pomme tentatrice ;
Et nous gardons tous deux au cœur la cicatrice
Du coup qui pour jamais jadis nous a blessés.

Mais si nous n'avons plus les espoirs insensés,
Il ne faut pourtant pas que tout bonheur périsse ;
Nous savons le saisir encor dans un caprice ;
Nous nous attendrissons une heure, et c'est assez.

Renouvelons, veux-tu, l'illusion charmante ;
Jette-moi tes deux bras au cou, comme une amante ;
Baise-moi sur la bouche et dis-moi : m'aimes-tu ?

Oublions, mon enfant, l'Eden et notre chute,
Et bénissons l'amour, si, pour une minute,
Nos yeux se sont mouillés et nos cœurs ont battu.

François COPPÉE.

LE PUITS

-o✕o-

Près du célèbre puits du vieux faubourg, à Prague,
Si profond qu'on y voit des astres en plein jour,
Par un matin d'avril, Lisbeth, pâle d'amour,
A Frantz, le blond hulan, avait donné sa bague.

Mais on était en guerre, et Frantz, c'était son tour,
Dut partir, comme font tous les traîneurs de dague,
Et minée en secret d'une souffrance vague,
Lisbeth mourut, la veille, hélas ! de son retour.

Maintenant ce soldat, comme souvenir d'elle,
S'en va chaque matin s'asseoir sur la margelle
Du puits mystérieux, et pleure amèrement,

Croyant revoir, les jours où le ciel est sans voiles,
Les chers regards éteints, dans ces pâles étoiles
Qu'on ne retrouve pas, la nuit, au firmament.

François Coppée.

JOSEPH BARRA

-o✠o-

A l'heure où les enfants, sous les yeux de leur mère,
Dans un lit doux et chaud dorment paisiblement,
Lui marchait sans souliers, presque sans vêtement,
Le visage fouetté par le vent de frimaire.

Ce n'est pas pour l'éclat d'une gloire éphémère
Que le petit tambour fut fidèle au serment
D'annoncer l'ennemi par un long roulement,
Et qu'il mourut frappé comme un guerrier d'Homère.

L'amour de la patrie ayant nourri son cœur,
Il tomba sans songer qu'il entrait en vainqueur
Dans le monde idéal où grandit la mémoire.

La légende le fait vivant et triomphant,
Et plus d'un traître entend, dans l'écho de l'histoire,
Le rappel de l'honneur battu par cet enfant.

Auguste CREISSELS.

RÊVE DE MALADE

Ce matin, mon docteur — un petit homme exsangue,
Porteur d'un nez crochu comme un bec de condor —
S'en vint tâter mon pouls et contempler ma langue
A travers le cristal de ses besicles d'or.

Rompu comme un Chinois après trois jours de *cangue*,
J'écoutais, sans broncher, ce nain du Labrador,
Qui me psalmodiait une longue harangue
Sur le ton nazillard d'un vieux corrégidor.

On eût dit un mandril du pays des Aztèques,
Grimaçant et mâchant des noix ou des pastèques...
Mille baroques mots grouillaient sous son palais :

Ce n'était qu'Encéphale, Hépatite, Méninges...
— Nom d'un chien ! je comprends que des savants si laids
Revendiquent l'honneur d'être les fils des singes !

Adrien Désamy.

A PAULE

-oℋo-

Ah ! vous le savez bien, vous qu'on croit ma maîtresse,
Que je vous aime trop pour vous aimer ainsi :
Vous êtes belle, mais je n'en ai point souci ;
Car une passion plus hautaine m'oppresse.

A quoi bon éveiller la volupté qui dort ?
A quoi bon raviver les angoisses charnelles?
J'ai lu votre dégoût dans vos tristes prunelles,
Dans votre regard vert où tremble un reflet d'or.

Grisés par le parfum de votre chevelure,
Foùs au souvenir seul d'un coin d'épaule nu,
Bien d'autres, possédés et fiévreux, ont connu
L'insomnie énervante et l'atroce brûlure.

Heureux ou dédaignés, je maudis leur destin :
Ces vains amours sont morts comme des feux de paille;

Mais la pure clarté qui dans mon cœur tressaille,
C'est l'éternel rayon de l'astre du matin.

Ce n'est pas votre front que j'adore, c'est l'ombre
De vos rêves que ma tendresse y voit flottant,
Comme un brouillard léger flotte sur un étang ;
C'est le changeant reflet qui le fait clair ou sombre.

Ce ne sont pas vos yeux que j'aime, étranges fleurs
D'ivresse, puits profonds où la raison se noie,
C'est l'éclair imprévu qu'y fait flamber la joie ;
C'est l'intime chagrin qui les mouille de pleurs.

Je ne veux pas ta bouche ardente ni tes lèvres,
Frais calice de sang que d'autres ont baisé ;
C'est leur âme que j'aime, et j'évoque, apaisé,
Dans ton sourire seul, un paradis sans fièvres.

Mon amour l'a voulu, despote raffiné ;
De toi je me suis fait une impalpable essence ;
Pénétré lentement par sa toute puissance,
Je respire à jamais cet arôme obstiné.

Et toi, ne sens-tu pas, invisible caresse,
Toute mon âme éparse autour de ta bonté,
Et planer sur ton front, comme un nimbe argenté,
Mon extase calmée et ma fière tendresse ?

2.

Golfe qui sous des pics soigneux dors abrité,
Havre paisible où vient s'amarrer ma détresse,
O forme qui jamais ne sera ma maîtresse.
e me repose enfin dans ta sérénité.

Pierre ELZÉAR.

-o§o-

LA BALLADE DES CHASSEURS BRETONS

-o&o-

Il était un' fois cinq chasseurs,
Tous bons drilles, buveurs joyeux,
Et pas un n'avait froid aux yeux.

Ils allaient dans les profondeurs
Où le gibier se tapissait,
Car le gibier les connaissait.

Par les ravins, par les hauteurs,
Nos Nemrods tiraient en tous sens
Sur des animaux innocens.

Les cerfs leurs disaient: « Messeigneurs,
Pourquoi quitter votre maison
Pour un quartier de venaison ?

« Est-ce donc un si grand bonheur
Que de vivre dedans les bois
Afin de nous mettre aux abois ? »

Les lapins disaient en douceur :
« Messieurs, laissez-nous, s'il vous plaît,
Brouter en paix le serpolet.

« Qu'on poursuive un loup ravisseur...
Mais à votre propriété
Avons-nous jamais attenté ? »

Ils se gaudissaient de ces pleurs,
Aussi rudes que des païens,
Et, tout comme eux, riaient leurs chiens.

Or, un jour ils eurent bien peur...
Devant eux surgit un dragon
Aussi vert que de l'estragon !

Outre sa vilaine couleur,
Il avait quatre rangs de dents
Creuse' à mettre un homme dedans.

Ses yeux roulaient avec fureur ;
Ses écailles battaient sa peau,
Ainsi qu'un aviron dans l'eau.

« Salut à vous, gentils chasseurs !
Vous avez de gentils fusils ;
Vos chiens de même sont gentils.

« Donc, — j'estime vous faire honneur, —
De votre chair je vais souper,
Et comme une huître vous happer.

« Moi je n'aime pas les lenteurs...
Ne vous faites pas trop prier...
Qui veut y passer le premier ? »

— « Cher dragon, dit avec douleur
Le vicomte de Keradec,
Regardez comme je suis sec. »

— « Le maigre a beaucoup de saveur.
D'ailleurs, je vois là tout marri
Un gros baron fort bien nourri.

« Cet autre est superbe en grandeur...
Le quatrième est tout truffé...
Le dernier sera mon café. »

— « Grâce, grâce, dragon vengeur !
Croyez au repentir que j'ai
D'avoir si longtemps carnagé. »

— « Mon épouse a tant de douceur ! »
— « Et mes enfants sont si petits ! »
— « Non, non ! vous serez tous rôtis. »

— « Permettez-nous, fier destructeur,
Qui nous jetez en pamoison,
De faire au moins une oraison.

— « Priez, méchants ! priez, pécheurs !
Et moi je vais, de mon côté,
Dire mon *Benedicite*. »

Tous, à genoux, avec ferveur,
Le cœur de remords pénétré,
Invoquent Madame d'Auray.

La forêt s'emplit de rumeurs...
Un long sifflement retentit...
Et soudain le dragon partit.

Vers leur castel les cinq seigneurs
Retournèrent d'un pas pressé.....
Et les chasseurs n'ont plus chassé.

Alfred des ESSARTS.

DON QUICHOTTE

Toi que le niais prend pour cible
Des rires et des traits malins,
Eternel chercheur d'impossible,
Grand escaladeur de moulins.

Don Quichotte, je te vénère
Comme un héros grec ou romain,
Pour ta vaillance débonnaire,
Pour ton cœur largement humain.

Quant tu vas, quêtant l'aventure,
A travers les mornes Sierras,
Tu veux que chaque créature
Repose à l'ombre de ton bras;

Et qu'écolier ou damoiselle,
En ces solitaires exils,
Soit mis à l'abri par ton zèle
Des voleurs... et des alguazils.

Dans le manoir ou dans l'auberge,
Ton fier courage bondissant
Tient prompte et sûre sa flamberge
Au service de l'innocent.

Lorsque ton dévouement s'élance
A l'appel de quelque isolé,
Avec ton cœur vole ta lance
Et Rossinante semble ailé.

Sur ce cheval qui s'évertue,
Tu te dresses, ferme seigneur,
Ainsi que l'errante statue
Du sacrifice et de l'honneur.

Qu'importe si l'on te bafoue,
Si le duc ou le muletier
Jettent en passant de la boue
A ton pèlerinage altier !

Qu'on t'offre un coursier ridicule,
Soudain ce vil cheval de bois
Devient le piédestal d'Hercule
Sitôt qu'il a reçu ton poids.

Le plat à barbe dérisoire
Dont t'affuble un stupide affront,

Rayonne des feux de ta gloire
Sur ton enthousiaste front.

Tout ton être se transfigure;
Ton corps de maigre capitan
Prend la surhumaine envergure
Du justicier et du Titan.

L'imaginaire Dulcinée,
Que tu poursuis jusqu'au trépas,
Assume la forme éloignée
De la Beauté qu'on ne voit pas.

Noble chevalier, qu'accompagne
Un sot de proverbes épris,
A l'étroit dans ta vieille Espagne,
Je t'appelle un Cid incompris !

Emmanuel des ESSARTS.

LES NOCES DE VERMEIL

-o✕o-

I

De vingt-cinq ans de mariage
Quand s'accomplit l'heureux instant,
On vient près du joyeux ménage
Célébrer les noces d'argent.
Doublons le chiffre, autres hommages ;
Noces d'or, au grand appareil ;
Eh ! bien ! donc, entre ces deux âges,
Place à vous, noces de vermeil !

II

Vermeil, brillante enluminure,
Plus que l'argent et moins que l'or,
Qui vers l'opulence future
Nous dit qu'il faut marcher encor !
Gai crépuscule aux doigts de rose,
Qui charme un coucher de soleil ;

C'est la halte où l'on se repose ;
Honneur aux noces de vermeil !

III

Quand s'évanouit le doux rêve,
Rêve enchanté des jeunes ans,
Il survient un moment de trêve
Qui s'ouvre aux espoirs renaissans.
D'un beau passé c'est le mirage ;
Des heureux jours c'est le réveil ;
Le naufragé touche au rivage ;
Honneur aux noces de vermeil !

IV

A quoi bon la riche parure
Où l'or se mêle aux diamans ?
Un frais sentier sous la verdure
Vient rajeunir deux cœurs aimans.
Lorsqu'on redescend la colline,
Et qu'en pleins rayons de soleil
Vers le bois sombre on s'achemine,
Gloire à vous, noces de vermeil !

Léon HALÉVY.

LA SOIF DU CŒUR

-o╳o-

O ma belle amoureuse, allons au fond des bois,
Là, nous nous coucherons sous la fraîche ramée.
Sur la mousse mouflue et sur l'herbe embaumée,
Tu connais les sentiers de la forêt d'Arbois ?

Bien loin, vers les rochers où le cerf aux abois
Se cache poursuivi par la meute affamée ;
Plus loin, plus loin encor, ma belle bien-aimée,
Ne te souviens-tu pas de la source où tu bois ?

Et quand nous serons seuls, sous le ciel, sur la terre,
Je te dirai tout haut que la soif qui m'altère
C'est la soif de l'amour ! Ne l'as-tu donc pas, toi ?

Je te dirai tout bas que ma fontaine, à moi,
C'est ta bouche de pourpre aux lèvres framboisées.
Viens. J'ai soif. Je veux boire à toutes les rosées.

Arsène HOUSSAYE.

MONORIMES

Si vous passez par là, venez dans ma maison,
Le pampre sur la porte indique mon blason ;
Ni murs, ni grilles, rien qui marque la prison ;
On respire à l'entour un air de floraison,
Mes beaux oiseaux chanteurs ont le diapason.

Le pampre sur la porte indique mon blason.
Je n'y connus jamais la mauvaise saison,
Soit au jour de la neige ou de la fenaison.
L'amour est un dictame et la haine un poison :
Voilà pourquoi l'amour y tient sa garnison.

Ni murs, ni grilles, rien qui marque la prison,
On n'y cultive pas les patates, mais on
Y cueille des bouquets et des fruits à foison,
La nature est mon livre ouvert sur le gazon,
L'amoureuse y répand l'or vif de sa toison.

On respire à l'entour un air de floraison.
La folle du logis m'y chante l'oraison
Des vingt ans; mais le cœur, n'est-ce pas la raison,
Quand on est éloquent à la péroraison
Et qu'on aime la forme autant que Bridoison?

Mes beaux oiseaux chanteurs ont le diapason
Dans le doux virelai de la conjugaison,
Mes cochons sont pansus et gais, mon horizon
Est clair, jamais je n'ai logé la trahison :
Si vous passez par là, venez dans ma maison.

Arsène Houssaye.

-oℵo-

LA COURONNE D'ÉPINES

Quand le poète passe en l'avril de sa vie,
Il cueille, avec l'amour, les fleurs de son chemin,
La grappe du lilas, l'étoile du jasmin,
Le doux myosotis dont son âme est ravie.

Tantôt c'est pour Ninon, tantôt c'est pour Sylvie ;
Pour orner le corsage ou pour fleurir la main ;
— Souvenir de la veille — espoir du lendemain,
O poètes, cueillez ! le ciel vous y convie.

Cueillez, car ces fleurs-là sont des illusions !
Poètes, suivez-les, vos blanches visions,
Vers l'Infini, plus haut que les blancheurs alpines.

Mais quand vous n'aurez plus la couronne de fleurs,
Ne vous étonnez pas de répandre des pleurs ;
Car vous aurez au front la couronne d'épines.

Arsène Houssaye.

VIVRE, AIMER

-o·×·o-

Vivre, aimer, tout est là, le reste est ignorance,
Et la création est une transparence ;
L'univers laisse voir toujours le même sceau,
L'amour, dans le soleil, ainsi que dans l'oiseau ;
Nos sens sont des conseils, des voix sont dans les choses ;
Ces voix disent : « beautés, faites comme les roses ;
Faites comme les nids, amants ; Avril vainqueur
Sourit, laissez le ciel vous entrer dans le cœur. »

Victor Hugo.

-o·×·o-

LES DEUX COTÉS DE L'HORIZON

-o;;o-

Comme lorsqu'une armée inonde les campagnes,
Une immense rumeur se disperse dans l'air ;
Il se fait un grand bruit du côté des montagnes,
Il se fait un grand bruit du côté de la mer.

Le poète a crié: — Qu'est ce bruit ? Dans les ombres
Il remplit la montagne, il remplit l'Océan.
N'est-ce pas l'avalanche, aigle des Alpes sombres ?
O goëland des flots, n'est-ce pas l'ouragan ?

Le goëland, du fond des mers où la nef penche,
Est venu. Le grand aigle est venu du Mont-Blanc.
Et l'aigle a répondu : — Ce n'est pas l'avalanche.
— Ce n'est pas la tempête, a dit le goëland.

— O farouches oiseaux ! quoi ! ce n'est pas la trombe,
Ce n'est pas l'aquilon que votre aile connaît ?
— Non, du côté des monts, c'est un monde qui tombe.
— Non, du côté des mers, c'est uu monde qui naît.

Et le poète a dit : — Que Dieu vous accompagne !
Retournez l'un et l'autre à vos nids hazardeux.
Toi, va-t-en à la mer ! toi, rentre à ta montagne !
Et maintenant, Seigneur ; expliquons-nous tous deux.

L'Amérique surgit, et Rome meurt ! ta Rome !
Crains-tu pas d'effacer, Seigneur, notre chemin,
Et de dénaturer le fond même de l'homme
En déplaçant ainsi tout le génie humain ?

Donc la matière prend le monde à la pensée !
L'Italie était l'art, la foi, le cœur, le feu ;
L'Amérique est sans âme. Ouvrière glacée,
Elle a l'homme pour but ; l'Italie avait Dieu.

Un astre ardent se couche, un astre froid se lève.
Seigneur ! Philadephie, un comptoir de marchands,
Va remplacer la ville où Michel-Ange rêve,
Où Jésus mit sa croix, où Flaccus mit ses chants.

C'est ton secret, Seigneur. Mais, ô raison profonde,
Pourras-tu, sans livrer l'âme humaine au sommeil,
Et sans diminuer la lumière du monde,
Lui donner cette lune au lieu de ce soleil ?

Victor Hugo.

A BÉATRICE !

-o✕o-

I

Vous qui pouvez m'ouvrir la céleste demeure,
Vous qui tenez la clef des hautes régions,
Ne vous étonnez pas de mes ambitions,
Et si, n'espérant rien, je demande à toute heure.

Vous savez, Béatrice, âme supérieure,
Qui planez sur ce monde et sur nos passions,
Qu'il faut qu'au bout du rêve, au bout des visions,
L'amour atteigne enfin l'idéal, ou qu'il meure !

De bonheurs en bonheurs, de sommets en sommets,
Le cœur veut s'envoler et monter à jamais.
Un besoin d'infini l'emporte et le dévore.

Rien n'apaisera plus sa soif de volupté ;
Et possédant le ciel avec l'éternité,
Dans le sein de Dieu même, il crie : Encore ! encore !

II

Sur ce sol embaumé d'arbustes toujours verts,
Noël à la Provence apporte encor des roses ;
Là, joyeux exilé, loin de nos cieux moroses,
J'ai fait mon premier rêve et dit mes premiers vers.

Ce soir, de la colline atteignant le revers,
J'espérais y glaner encor de douces choses ;
J'ai frappé chez la Muse et trouvé portes closes.
Dieu ne me parle plus dans ces charmants déserts.

Alors, fermant les yeux à ce soleil splendide,
Triste et croyant ma veine à tout jamais aride,
Dans mon cœur, plein de vous, je regarde, et, soudain,

L'idée en fleurs jaillit du profond de moi-même ;
Et, sans plus rien quêter dans un autre jardin,
Prononçant votre nom, j'ai trouvé mon poème.

Victor DE LAPRADE.

LONG POÈME

-o✶o-

Dans un petit sonnet mettre l'immensité ;
Y renfermer le ciel profond, la mer, la grève,
Le flot mouvant, le roc miné, le bruit sans trève,
Et la brume d'hiver, et l'ouragan d'été ;

Montrer à l'horizon, sur la vague emporté,
Le navire, fétu que l'abîme soulève ;
Et jeter dans cette ombre, et mêler à ce rêve
Ta lumière, Seigneur, et ton éternité ;

Ah ! c'est vràiment alors écrire un long poème ;
C'est introduire l'âme aux régions qu'elle aime,
Et grandir l'humble vers qui promettait si peu !

Le cadre est assez vaste, et le poète à l'aise
Peut vivre tout un jour, au bord de la falaise,
De ce petit sonnet qui lui parle de Dieu.

Eugène MANUEL.

PARVULUS

-oxo-

Le Seigneur enseignait le peuple au bord des mers.
Sa voix douce apaisait les ouragans amers
Et sa parole ôtait l'amertume des âmes,
Versant la joie aux bons et l'espoir aux infâmes :
« Quiconque d'un cœur vrai, disait-il, m'aimera,
» Dans la gloire verra mon Père et me verra. »
Et le peuple écoutait dans une humble attitude.

Mêlée au dernier rang de cette multitude,
Une femme tenait son enfant par la main.
Ils s'étaient, pour entendre, arrêtés en chemin,
Elle, vieille déjà, glaneuse qui défaille
Sous une gerbe, hélas ! non de blé, mais de paille,
Mère aux seins soulevés par des soupirs profonds ;
Lui, très-petit, blond, rose et vêtu de chiffons,
Et souriant à tout dans sa misère en fête.
Or, l'enfant dit : « Là-bas, qui donc parle ?
                                    — Un prophète,

Mon fils, un homme saint qui prêche un saint devoir.
— Un prophète, ma mère ? oh ! je voudrais le voir. »
Et voilà qu'il se glisse et se soulève et pousse,
Afin de voir le Maître à la parole douce.
Mais la foule est profonde et ne s'écarte pas.
    — Mère, si vous vouliez me prendre dans vos bras,
Je le verrais.
             — Je suis trop lasse, dit la mère.
Alors l'enfant fut pris d'une tristesse amère
Et des pleurs se formaient dans son œil obscurci.

Jésus fendit la foule et lui dit : « Me voici. »

Catulle Mendès.

CAÏN

Caïn fuit seul portant le signe ineffaçable
Gravé par Jéhovah sur son front odieux,
Et le sang, à ses pieds, semble rougir le sable,
Et des taches de sang paraissent dans les cieux.

Il marche, il marche encore... un soleil implacable
De ses rouges rayons le brûle, et, dans ces lieux,
Pas de caverne où fuir ce soleil qui l'accable,
Pas de verte oasis où reposer ses yeux.

Tout à coup il se dresse ; un îlot de verdure
A l'horizon paraît ; il y court ; le murmure
D'un limpide ruisseau lui semble un doux appel.

Mais, lorsqu'il veut dans l'eau tremper sa lèvre avide,
Au lieu du sien, il voit le visage d'Abel,
Plus beau qu'il ne l'était avant le fratricide.

Germain PICARD.

UNE STATUE

-o:o-

Sa joue a la fraîcheur de la rose nouvelle,
Sa lèvre aux chauds baisers invite les amours ;
Elle a de grands yeux noirs, un front pur où les jours,
En passant, n'ont laissé trace qui les révèle.

Sa robe, dont Grévin dessina le modèle,
Et que l'artiste Worth tailla dans le velours,
Presse une taille souple et moule des contours
Que, pour ses deux Vénus, eût rêvé Praxitèle.

Aussi, dans les beaux soirs et dans les folles nuits,
Combien d'hommes ont cru, par ses charmes séduits,
Qu'en un corps si parfait vivait une âme ardente !

Eh bien ! non. Cette femme est un marbre animé,
Elle erre parmi nous, hautaine, indifférente !...
Car elle n'aime pas et n'a jamais aimé.

Germain PICARD.

2*.

A MA MÈRE

-o✤o-

Lorsque j'étais petit, mère, souvent j'y pense,
Je jouais près de vous sur le balcon étroit,
Ou dans le jardin vert qui me semblait immense.
Or, j'étais faible alors, et j'étais maladroit ;
Je tombais ou cassais mes jouets, grande peine ;
J'étais peureux, le chien du voisin après moi
Courait en aboyant, de là terreur soudaine...
Avec un doux baiser vous calmiez mon émoi.

Vint l'âge où les enfants s'en vont loin de leur mère
Dont l'aile jusqu'alors les avait abrités ;
Le collége sur eux ferme sa grille austère,
Mais leur cœur reste auprès de ceux qu'ils ont quittés.
Je partis... Entre nous, grande était la distance,
Et j'étais bien des mois comme un enfant perdu ;
Mais août, de mes travaux c'était la récompense,
M'apportait le baiser trop longtemps attendu.

Plus tard, je dus choisir ma route dans la vie ;
Je choisis la plus rude, en toute liberté,
Et depuis, sans regret, je l'ai toujours suivie...
Dieu sait si j'ai souffert et combien j'ai lutté.
Mais quand j'étais meurtri par quelque grand orage,
Aux jours d'affaissement que tout homme connait,
Pour trouver le repos, ou puiser du courage,
Mon cœur auprès de vous toujours me ramenait.

Maintenant que le calme est rentré dans mon âme,
Je sais que nul bonheur n'est complet ici-bas ;
J'ai ma part et ne puis, sans mériter le blâme,
Oublier ce que j'ai pour ce que je n'ai pas.
Aussi ne me vient-il jamais pensée amère
Contre ceux qu'on envie et que l'on croit heureux,
Car, s'ils ont des trésors, des honneurs, j'ai ma mère,
Et je ne me crois pas moins bien partagé qu'eux.

Germain PICARD

LA PETITE PARISIENNE

-o✶o-

Elle n'est ni brune ni blonde,
Ses yeux ne sont ni noirs ni bleus,
Et cependant le pauvre monde
A la ronde en est amoureux.

Elle est si fine et si gentille,
Que tout sur elle est élégant ;
Cette petite qui s'habille,
Eût dit Musset, avec un gant !

Ses dents sont toujours des quenottes,
Ses pieds sont toujours des petons,
Ses mains sont toujours des menottes ;
Ses seins ne sont pas des tetons.

Elle sait marcher dans la crotte
Sans même salir son talon,
Et répand de la bergamotte
Dans ses cheveux pour sentir bon.

Assise à table, elle chipote,
Effleurant la viande et le pain.
Une sauce à la ravigote
Seulement peut lui donner faim.

Elle a des pommes dans sa poche
Et des citrons sur son chevet ;
Elle s'étouffe de brioche,
Et, par dessus, prend un sorbet.

Elle pense, à la dérobée,
Et, dans sa cervelle qui bout,
Eclosent des rêves de fée.
Elle est innocente et sait tout.

Elle aime à parler politique ;
Elle est républicaine, ah ! mais !
Mais entend que sa république
Reste pure de tout excès.

Et l'on voudrait être à la place
De son mari, cet opprimé,
Qu'elle gouverne et qu'elle embrasse,
En l'appelant son gros mémé.

Tony Révillon.

SOUVENIR

Paris, 1870, envoyé par ballon.

A Madame.....

-o!:o-

Tandis que le canon tonne dans les combats,
Je dirige vers vous ma pensée inquiète.
Quand un miroir se brise et vole en mille éclats,
Dans chacun des morceaux l'image se répète.
C'est le rêve d'amour que vous avez causé.
On souffre mille fois une même souffrance.
Chaque débris conserve encore une espérance.
Le cœur qui se souvient est un miroir brisé.

Aurélien SCHOLL.

-o§§o-

LA GAMME DE L'AMOUR

Elle dit : Le temps est superbe ;
Ne viens-tu pas dîner sur l'herbe,
Au Bas-Meudon, mon adoré ?
Ré mi fa sol la si do ré. »

Elle avait une robe blanche...
Un pinson joyeux, sur sa branche,
Disait pour nous un chant d'ami.
Mi fa sol la si do ré mi.

La folâtre courut dans l'herbe,
Et ramassa toute une gerbe
De fleurs dont elle se coiffa.
Fa sol la si do ré mi fa.

Puis, voyant son épaule nue,
La belle, faisant l'ingénue,
Se voila de son parasol.
Sol la si do ré mi fa sol.

L'automne vint... et l'infidèle,
Disparut comme une hirondelle,
Et vers Bréda·street s'envola.
La si do ré mi fa sol la.

Malgré le froid qui me pénètre,
J'erre le soir sous sa fenêtre,
Comme un pauvre amoureux transi !
Si do ré mi fa sol la si.

Chez elle, tout devient plus sombre;
Je ne vois plus même son ombre...
Elle a refermé le rideau.
Do ré mi fa sol la si do !

Aurélién SCHOLL.

LES BALADINS DE LA PHRASE

-o⁚o-

L'ennui de mes pareils, pire encore que leur haine,
M'acoquine au pays des muets et des sourds
Où, sans bruit discordant de voix, ni gestes lourds,
Je puis voir tous les jeux de la bêtise humaine.

Tels vous êtes, acteurs d'une époque lointaine,
Histrions des salons et fantoches des cours,
Que j'exhume, pimpants de poudre et de velours,
Des vieux recueils où dort votre gloire malsaine.

Ressuscitez, chercheurs d'effets, pasquins de mots;
Amusez-moi ! soyez librement faux et sots.
Ce n'est pas qu'à la fin votre orgueil ne m'irrite;

Mais on pardonne tout à des esprits sans corps,
Et sur nos beaux diseurs vous avez le mérite
Qu'à ridic⸱⸱⸱ égal, au moins vous êtes morts !

Joséphin SOULARY.

SILENCE

SONNET

-oЅo-

La pudeur n'a pas de clémence,
Nul aveu ne reste impuni,
Et c'est par le premier nenni
Que l'ère des douleurs commence.

De ta bouche où ton cœur s'élance
Que l'aveu reste donc banni !
Le cœur peut offrir l'infini
Dans la profondeur du silence.

Baise sa main sans la presser
Comme un lys facile à blesser,
Qui tremble à la moindre secousse ;

Et l'aimant sans nommer l'amour,
Tais-lui que sa présence est douce,
La tienne sera douce un jour.

Sully Prudhomme.

AVE, MATER VICTA !

HYMNE FRANÇAIS

> « Et ils placèrent des gardes
> autour du tombeau. »
> (*Nouveau Testament*).

-o:o-

Comme le Juste en croix sur le mont solitaire,
    Tomba trois fois sur les genoux
Avant de se dresser et de saisir la terre
    Entre ses bras puissants et doux,
Patrie au flanc blessé, tu bénis dans l'aurore
    . Tes fils tombés sans voir ton jour;
De leur dernier baiser ton vieux sol rouge encore
    Fume de lumière et d'amour.

CHORAL

Gloire à toi, grand pays où l'avenir se fonde,
Tes destins sont plus haut que ton adversité,
Tu tiens l'ardent flambeau dont s'éclaire le monde;
Celui qui meurt pour toi, meurt pour l'humanité !

Toi qui donnas ton sang, ton or et tes merveilles
  Sans récompense et sans repos
Ils t'ont mise au sépulcre, o·France ! et tu sommeilles,
  Nul n'a vengé tes saints drapeaux !
Mais on épie en vain les sursauts de ta pierre
  Tu la rompras de ton essor !...
Quand l'ombre veut tenir au tombeau la lumière,
  Pâques sonne ses cloches d'or !

Gloire à toi, grand pays où l'avenir se fonde,
Tes destins sont plus hauts que ton adversité :
Tu tiens l'ardent flambeau dont s'éclaire le monde ;
Celui qui meurt pour toi, meurt pour l'humanité !

Nous reforgeons sans trève, au mépris des alarmes,
  Ton vieux glaive aux bons lendemains.
Vois tes enfants nouveaux, froids sous leurs jeunes armes,
  Impatients des clairs chemins !...
Le soc, depuis longtemps, chasse l'airain des bombes,
  Les champs sont prêts pour le soleil :
Si d'âpres voix au loin disent que tu succombes,
  Couvrons-les d'un cri de réveil !...

Gloire à toi, grand pays où l'avenir se fonde,
Tes destins sont plus hauts que ton adversité :
Tu tiens l'ardent flambeau dont s'éclaire le monde ;
Celui qui meurt pour toi, meurt pour l'humanité !

Ressuscite !... la foi t'anime, auguste France !
  Debout ! ton astre est immortel !...
Mais déjà tu renais ! c'est l'aube d'espérance !
  Plus de fleurs de deuil sur l'autel !
Le souci du devoir bannit dans les ténèbres
  Les noirs souvenirs de la nuit :
Adieu tambours voilés ! adieu lauriers funèbres !
  Le clairon sonne, le jour luit !

Gloire à toi, grand pays, où l'avenir se fonde !
Tes destins sont plus hauts que ton adversité.
Tu tiens l'ardent flambeau dont s'éclaire le monde ;
Celui qui meurt pour toi, meurt pour l'humanité !

VILLIERS DE L'ISLE-ADAM.

⎯⎯⎯

3.

CHANT GAULOIS

-o⚜o-

Avez-vous senti frissonner la terre ?
Tressaillir au loin les lacs et les bois ?
Est-ce l'Océan ? est-ce le tonnerre ?
Non, c'est le refrain du peuple gaulois.
C'est de nos aïeux le vieux cri de guerre,
Le chant qu'ils disaient au monde tremblant :
« L'espace est à nous ; en avant ! »

 Où va-t-il, ce peuple guerrier,
 Loin des forêts de sa patrie ?
 Sur de frêles barques d'osier,
 Des mers il brave la furie.
 Il n'est pas de flot si lointain
 Dont il n'ait connu la tempête.
 Il ne redoute qu'un destin :
 Voir le ciel tomber sur sa tête.

Où sont les guerriers de Delphe et d'Athènes ?
Prêtres du soleil, où sont vos trésors?
Le large Hellespont est chargé de chaînes,
Le Tigre et l'Euphrate emmènent leurs morts.
La Reine du monde a vu la fumée
Couvrir les toits d'or de Mars et Vénus ;
Rome retentit des coups de framée,
Et l'on sait le poids du fer de Brennus.

  Ils apportent l'or et l'airain,
  Et Dieu fixe leurs destinées.
  Ils ont les Alpes et le Rhin,
  L'Océan et les Pyrénées.
  N'insultez pas au lionceau
  Qui rugit près de sa compagne ;
  On ne touche pas au berceau
  De Clovis et de Charlemagne.

Ils t'ont mutilé, sol de mes ancêtres !
La Gaule a pâli d'un affront sanglant ;
Le palais de Karl a changé de maîtres ;
Où trouver ta tombe, ô mon vieux Roland !
Monte jusqu'au ciel, cri de la vengeance !
Sur le sol gaulois, ni Goth ni Germain.
L'enfant qui dit: *Père !* est fils de la France !
Et la France est là, le fer à la main.

De la Vistule ni du Tibre
Ne lui viendront ni joug ni loi.
De tout temps, la Gaule fut libre
Et dit : « Ma frontière est à moi ! »
Nous vivrons comme nos ancêtres,
Dont le sang n'est pas attiédi,
Et nous n'accepterons de maîtres
Pas plus du Nord que du Midi.

Aimé VINGTRINIER.

DEUXIÈME PARTIE

MM.

A. Adam.
X. Bailly.
M. Bonnefoy.
. Coudrier.
. Cheerbrand.
. Grimault.
. Harel.
, d'Ivry.
acoste du Bouig.

MM.

E. Lambert.
F. Melvil.
F, de Mailliard.
F. Mousset.
F. Pittié.
L. de Préville.
C. de Tavernier.
E. Trolliet.

SONNET

-o✶o-

Parce que, loin de nous, fiers de votre opulence,
Vous vivez en oisifs au fond de vos châteaux,
Et que vous auriez pu, dans nos jours d'ignorance,
Ecraser sous vos pieds un peuple de vassaux;

Que vous n'avez jamais ressenti la souffrance,
Et que l'or et la soie ont tissé vos manteaux,
Vous avez cru remplir le but de l'existence,
Et pouvoir sans remords descendre en vos tombeaux!

Insensés! vous pensiez être seuls en ce monde,
Et lorsque finira votre vie inféconde,
Nul ne viendra maudire ou bénir votre nom!

— Il ne tenait qu'à vous de choisir un beau rôle,
Vous ne l'avez pas fait!... Eh bien! sur ma parole,
Vous avez bu, mangé, dormi! mais vécu? non!

F.-E. ADAM.

LA PATRIE

-o::o-

J'ai sondé les déserts et gravi les montagnes;
Dans le sein des vallons, au milieu des campagnes,
Sous les grands bois touffus, j'ai choisi mon séjour;
Longtemps j'ai parcouru les cités turbulentes ;
Dans les salons dorés, où les heures trop lentes
N'apportent que l'ennui, j'ai vécu plus d'un jour.

J'ai rêvé sur la rive où la vague se brise,
Sur tes flots, Océan, par l'orage ou la brise,
J'ai senti tour à tour mon navire battu :
Jamais je n'ai trouvé ce que mon cœur réclame,
Et chacun des soupirs qui partent de mon âme
Demande autour de moi : — Patrie, où donc es-tu?

Ici, les flots sont noirs; ici, la fleur se fane :
La voix qui sait chanter ne sait qu'un chant profane:

Le pain de chaque jour est amer à manger ;
Ici le cœur est triste et le front devient sombre;
Tous nos printemps sont froids, tous nos jours sont plei
Le sol que nous foulons n'est qu'un sol étranger !   [d'ombre

— L'âme rêve pourtant des bonheurs éphémères,
Et sous le poids fatal de tristesses amères,
Hélas ! nous la voyons tomber à chaque pas !
On dirait que pour vivre il lui faut des souffrances,
Que sous nos froids soleils ses longues espérances
       Sont des fleurs qui n'éclosent pas !

— Eden ! Terre promise ! Océan sans rivage !
O pays innommé dans notre humble langage !
O terre du bonheur ! ô terre de l'amour !
Où l'on moissonne enfin ce qu'on sème en ce monde,
Où l'âme peut trouver l'âme qui la féconde,
Où tous les cœurs aimants sont aimés à leur tour !...

Invisible patrie, où donc es-tu ? Patrie
Où les rayons sont doux, où la terre est fleurie,
Où les ailes du rêve emportent nos espoirs,
Où nos morts bien-aimés revivent dans leur tombe,
Où le flot toujours pur sur la plage retombe,
Où les brillants matins ont toujours de beaux soirs !

e promène partout un cœur morne et sans joie ;
e chemine au hasard, égaré dans ma voie,
Et je demande à tous : — « Ou donc porter mes pas ? »
Mon Dieu, prenant pitié du voyageur qui passe,
Est-ce vous dont la voix a traversé l'espace,
Et m'a crié : — « Toujours plus haut ! jamais plus bas ? »

F.-E. Adam.

DÉPART

-o✷o-

Déjà l'aurore luit, ses feux faibles encor
Eclairent de rayons brillants de pourpre et d'or
      Les cimes des hautes montagnes.
La nature s'éveille avec un air joyeux;
On entend mille bruits vagues, mystérieux,
      S'élever du sein des campagnes.

Soleil, je te salue à l'horizon lointain !
A toi, salut aussi, bel astre du matin,
      Reine des cieux, brillante étoile !
Astres d'or, l'Océan, sous vos baisers de feu,
S'agite et resplendit, — Voyez, sur le flot bleu,
      Se découpe ma blanche voile.

Allons, il faut partir. — Adieu, pays vénal !...
Les matelots, joyeux, attendant le signal,
      Ajustent les derniers cordages. —
Adieu donc ! je veux fuir le sol aride et nu
Ou déjà trop longtemps le sort m'a retenu.
      Je veux voir de nouveaux rivages.

Dans les mornes cités mon cœur languit d'ennui
Ce monde n'est pas fait pour moi, ni moi pour lui ;
  Je ne saurais suivre les traces
De ces êtres rampants ; je ne les comprends pas.
Leurs vulgaires plaisirs n'ont pour moi nuls appas.
  Il me faut les vastes espaces,

La mer et ses écueils, la lutte et ses périls ;
Et des plaisirs plus purs, et des travaux moins vils ;
  Il faut de l'air à ma poitrine !
Et l'amitié sincère, et le pudique amour
Que l'on n'achète pas, et qui s'éveille au jour,
  Ainsi qu'une flamme divine.

Il me faut la Montagne et les immenses Bois ;
Et les sombres rochers et la puissante voix
  De la mer que le vent irrite ;
Et la retraite austère et l'âpre vérité ;
Et toi, surtout, premier des biens, ô Liberté,
  Immortelle et sainte proscrite !

Et je pars... et je vais loin de ces bords jaloux,
Chercher d'autres climats ou le ciel soit plus doux
  Et l'homme de plus pure argile. —
Il est de ces pays au sein des vastes mers ;
Je les veux découvrir, et, sur les flots amers,
  Je vais lancer ma nef fragile.

Je veux suivre au lointain les fiers explorateurs !...
Partageant leurs dangers et leurs rudes labeurs,
      Je vivrai de leur existence !
Partout où l'homme vit, partout où le jour luit,
Comme eux j'irai... des flots j'écouterai le bruit ;
      Je sonderai la mer immense !

Nuit et jour, constamment, sur la vague bercé,
Je suivrai ce chemin qu'un songe m'a tracé.
      Plein d'espérance et de courage,
J'irai, je combattrai l'antique Adamastor ;
Je lancerai ma barque où nul navire encor
      N'a tracé son profond sillage.

Je verrai ces pays que chérit le soleil,
Où le sol, plus fécond, sous son rayon vermeil
      Produit la myrrhe et l'ambroisie,
Et le nectar divin qui calme les douleurs,
Et les plus doux parfums, et les plus belles fleurs,
      Et tes fruits d'or, ô Poésie !...

On m'a dit et je sais que des périls nombreux
M'attendent ; que les vents sont parfois furieux,
      Et que la vague est inconstante ;
Que lointain est le but et douteux le chemin ;
Que mon navire est frêle et peut sombrer demain,
      Vaincu, brisé par la tourmente ;

Que je suis jeune et faible, et que, dans ce tournoi,
Je puis périr... — Combien de marins avant moi
      Sillonnant les plaines liquides,
Ont vu sombrer ainsi leurs superbes vaisseaux !
Hélas ! combien déjà sont restés sous les eaux,
      Engloutis par les flots avides ! —

Mais quoi ! je me surprends à frémir, à trembler !
Non, non ! Je ne saurais maintenant reculer,
      En avant ! L'horizon s'enflamme,
Partons ! Je ne crains pas les dangers ni la mort.
On ne me verra point pâlir ; les coups du sort
      Ne peuvent effrayer mon âme !

J'irai, j'explorerai cet univers géant.
J'entendrai sans effroi, sur le gouffre béant,
      La foudre gronder sur ma tête.
Ma voix dominera l'orage et ses clameurs,
Et les flots envieux, et leurs sourdes rumeurs.
      Je chanterai dans la tempête !...

Xavier BAILLY.

L'ALOUETTE

Quand le matin éclaire à peine
Les coteaux de vagues lueurs,
Le laboureur va dans la plaine
La féconder de ses sueurs.
Dès qu'il arrive, l'alouette,
Joyeuse, l'accueille, le fête,
Se fait son ami, son poëte,
Redit ses plus beaux chants pour lui.
De la céleste messagère
La voix caressante, légère,
Lui fait oublier sa misère
Et charme ses heures d'ennui.

Comme elle chante ainsi dans les airs suspendue,
Versant à plein gosier l'harmonie au sillon,
L'oiseau de proie au loin l'a sans doute entendue,
Car sur elle aussitôt accourt l'émérillon :

L'alouette voyant son ennemi rapace,
S'élance vers le ciel, abri de l'opprimé ;
Elle esquive le coup : quand l'émérillon passe,
Trop tard pour la saisir son ongle s'est fermé !
Le forban se retourne et du regard calcule
Le point que l'alouette atteint en s'élevant,
Puis, pour mieux prendre champ, il remonte, il recule,
Et sur elle repart plus rapide qu'avant !

Oh ! qui te sauvera cette fois, ma pauvrette ?...
Par un effort suprême elle s'élève encor...
Et le cruel chasseur a manqué l'alouette ;
Mais il s'acharne et prend à nouveau son essor.
Alors l'oiseau chanteur, à bout d'aile et d'haleine,
Se sentant défaillir et déjà l'œil obscur,
Cherche avec désespoir dans un coin de la plaine
Une haie, un buisson, quelque refuge sûr,
Puis il se précipite en plongeant vers la terre ;
Mais l'oiseau de rapine, infatigable au vol,
Comme un trait fond sur lui, le saisit et l'enserre,
Avant que sa victime ait pu toucher le sol !...

— O toi qui gardes pur ce beau nom de poëte !
Toi qui du misérable est le consolateur,
Ton sort sera souvent le sort de l'alouette,
Ce poétique oiseau, ce dévoué chanteur.

Tu réclames pour tous la joie et la lumière ;
Aux cœurs découragés, tristes, tu dis : Espoir !
Evitant le palais, ami de la chaumière,
Tu n'as jamais changé ta lyre en encensoir !
Tu visites le pauvre en sa morne demeure ;
Tu ne t'avilis pas à flatter les puissants ;
C'est pour le malheureux, c'est pour celui qui pleure
Que ton âme s'exhale en généreux accents.
Mais à défendre ainsi l'opprimé de ce monde,
A proclamer ses droits à la Paix, à l'Amour,
Tu seras accablé par les forts, race immonde,
Par l'homme de rapine et par l'homme-vautour !
N'importe ! verse-nous tes torrents d'harmonie ;
Console de tes chants les humbles d'ici-bas ;
Quelque jour par nos fils ta voix sera bénie,
Car la voix du prophète on ne l'étouffe pas !

Quelque jour nos enfants verront les alouettes
S'élever sans danger au-dessus du sillon :
Les airs seront remplis alors d'oiseaux poëtes ;
Mais on n'y craindra plus un seul émérillon !

Marc BONNEFOY.

L'OISEAU

A mon ami Albin de Vauxonne

-o꙰o-

Sur le bord d'un ruisseau qu'une saulée ombrage,
A l'abri des rayons du soleil de midi,
Un oiseau s'est posé : puis s'avance enhardi
Par le calme apparent du séduisant rivage.

Il s'arrête inquiet : les bruits du voisinage,
Le chant d'un coq, les bœufs qui, d'un pas alourdi,
Traversent le sentier, tout l'effraye ; étourdi
Par la peur, d'un coup d'aile il gagne le bocage.

Ainsi que cet oiseau, soupçonneux et craintif,
L'amour veille sans cesse ; il épie attentif,
Prompt à s'effaroucher ; qu'un léger coup l'effleure,

La main qui l'a blessé voudrait le retenir,
Mais en vain : c'en est fait ! on le supplie, on pleure !
L'amour s'est envolé pour ne plus revenir !

Victor Coudrier.

PANTOUM D'AUTOMNE

-oֵֵo-

Les beaux jours sont passés ; c'est la fin de l'automne,
L'hirondelle frileuse a déserté nos toits.
Jusqu'aux illusions, hélas, tout m'abandonne,
Ce que j'ai cru saisir s'échappe de mes doigts !

L'hirondelle frileuse a déserté nos toits,
Mais elle reviendra dans la saison nouvelle.
Ce que j'ai cru saisir s'échappe de mes doigts
Comme un collier brisé qui s'égrène et ruisselle.

Mais elle reviendra dans la saison nouvelle.
Adieu, petit oiseau que l'hiver a chassé.
Comme un collier brisé qui s'égrène et ruisselle,
Un à un j'ai vu fuir mes rêves du passé.

Adieu, petit oiseau que l'hiver a chassé,
Qu'un souffle bienfaisant t'emporte et te caresse.
Un à un j'ai vu fuir mes rêves du passé,
Chères illusions des jours de ma jeunesse.

Qu'un souffle bienfaisant t'emporte et te caresse
Jusqu'au pays lointain des fleurs et du printemps:
Chères illusions des jours de ma jeunesse,
Edifices légers renversés par le temps.

Jusqu'au pays lointain des fleurs et du printemps,
Tu vas sans oublier le nid qui t'a vu naître.
Edifices légers renversés par le temps,
Comme l'ombre au matin je vous vois disparaître.

Tu vas sans oublier le nid qui t'a vu naître.
Gardant le souvenir de ton premier amour.
Comme l'ombre au matin je vous vois disparaître,
Beaux rêves, chers oiseaux envolés sans retour !

Gardant le souvenir de ton premier amour,
Tu reviens au berceau quand le lilas bourgeonne.
Beaux rêves, chers oiseaux envolés sans retour,
Les beaux jours sont passés: c'est la fin de l'automne !

Victor COUDRIER.

BOUTADE

-o✕o-

Hier j'étais au bal et je ne dansais pas ;
La foule était énorme, et blotti sur ma chaise,
J'abritais de mon mieux mes jambes et mes bras,
Admirant à part moi cette mode niaise
Qui transforme un salon en horrible fournaise
Où, sans meurtrir quelqu'un, on ne peut faire un pas.

Près de moi s'obstinait à défendre sa place
Un monsieur grisonnant, à l'air très comme il faut,
Qui recevait pour moi nombreux coups de plateau,
Et, dans ce moment là, dégustait une glace
Qu'il faillit envoyer au fond de son chapeau
En lorgnant la beauté qui se trouvait en face.

Depuis quelques instants sa contemplation
Croissait d'une façon vraiment inquiétante,
Quand se penchant vers moi, tout plein d'émotion,
Et comme pour quêter une approbation,
Il me dit, d'une voix aussi douce et tremblante
Que celle d'un amant : Mon Dieu, qu'elle est charmante !

Il lut dans mon regard que nous étions d'accord.
« Croirez-vous bien, Monsieur, ajouta-t-il de suite,
« Qu'un de mes bons amis conteste son mérite,
« Parce qu'elle a, dit-il, le nez un peu trop fort,
« Tandis qu'elle n'a pas, irréparable tort,
« Pour être une Vénus, la bouche assez petite.

« Je suis peintre, ajouta mon interlocuteur,
« Et je dis franchement que j'ai pris en horreur
« Ce qu'on est convenu d'appeler un modèle,
« Buste sans passion et tête sans cervelle,
« Dont la froide beauté ne parle pas au cœur,
« Tandis que celle-là, voyez comme elle est belle ! »

Oui certe elle était belle, et peut-être jamais
Je ne compris si bien le charme des portraits,
Et ne regrettai tant de n'être point artiste
Pour idéaliser ses adorables traits,
Et pouvoir démontrer qu'elle distance existe
Entre le beau d'école et le beau fantaisiste.

Dans ses cheveux d'ébène elle avait ce soir-là
Jeté, comme au hasard de sa main vagabonde,
Un nuage léger de poudre blanche et blonde
Qui faisait de sa peau ressortir mieux l'éclat,
Et de ses yeux voilés l'expression profonde
Où l'homme intelligent peut voir le cœur qu'elle a.

En femme qui sait bien que la plus belle fête
Ne vaut pas seulement la peine qu'on s'apprête,
Quand on peut y porter sa grâce et ses vingt ans,
Elle n'avait ni fleurs, ni bijoux sur la tête,
Mais seulement au front quelques feux scintillants
Que renvoyait au lustre une étoile en brillants.

Pendant que le plaisir l'emportait sur son aile,
M'étant trouvé conduit à faire un parallèle
Entre ce siècle morne et le siècle passé,
Je me dis que le peintre était homme sensé
De ne pas se ranger à la mode nouvelle,
Et de jeter la pierre au siècle compassé.

Et je me dis aussi qu'à la métamorphose,
Du plus humble au plus grand, nous prêtons tous la mai
Par un faux point d'honneur et par respect humain.
Tandis qu'il suffirait d'agir comme l'on cause
Pour ramener bientôt le siècle au droit chemin,
Et lui faire abjurer son amour de la prose.

Ne résulte-t-il pas de notre propre aveu
Qu'en matière d'amour et surtout de morale,
Nous sommes d'une humeur tout à fait libérale ?
Aussi péché secret nous le traitons de jeu,
Mais s'il devient public nous crions au scandale,
Et s'il nous éclabousse, oh ! nous crions au feu !

Le soir après dîner pour faire une lecture,
On préfère Musset à Baptiste Rousseau ;
Mais, contre deux pédants soutenant un assaut,
On ferait au bon sens une mortelle injure
Si l'on ne traitait pas, de peur d'une blessure,
Celui-ci de génie et celui-là de sot.

On répète vingt ans à sa fille chérie
Que l'argent ici-bas ne fait pas le bonheur,
Et qu'elle pourra prendre époux selon son cœur,
Mais, l'âge étant venu qu'il faut qu'on la marie,
On veut poser un peu devant la galerie,
Et la fille est vendue au plus riche acquéreur.

La beauté sculpturale est, dit-on, sans prestige,
Et chacun de crier que son intention
N'est pas de trouver bien ce que le siècle exige ;
Que tombe sur ce point la conversation,
Et l'on se croit perdu de réputation
En refusant la palme à Vénus Callipyge.

C'est ainsi qu'on bannit de la société
La franchise gauloise avec la fantaisie ;
Comme d'un vêtement la coupe bien choisie
Sert parfois à cacher quelque difformité,
La dangereuse ampleur d'un langage emprunté
Voile tous nos défauts et notre hypocrisie.

Au plaisir d'innover on préfère l'ennui,
Ce que fait le voisin au voisin sert de code ;
Pour arriver au bal que d'hommes aujourd'hui
Attendent en baillant qu'il soit passé minuit,
Et combien, estimant un col bas très commode,
Portent des cols très hauts parce que c'est la mode !

Que de femmes aussi, sacrifiant leur goût
Et les sages conseils de leurs miroirs fidèles
Aux tyranniques lois de nos modes nouvelles,
Sous un flot de cheveux cachent un joli cou,
Ce qui ne laisse pas de les gêner beaucoup
Et de contrarier les chercheurs de modèles !

Que penseront de nous nos arrières-neveux
Lorsqu'ayant feuilleté l'impartiale histoire,
Ils interrogeront ce siècle plein de gloire,
Pour savoir s'il a pris son rôle au sérieux ?
Je crains beaucoup hélas ! pour sa chère mémoire,
Et qu'en le soupesant ils le trouvent bien creux.

Ils nous désigneront sous le piteux emblème
D'un vieillard grimaçant au teint malade et blème ;
Dans une main un masque et dans l'autre un compas ;
Car nous mesurons tout, — jusqu'à la beauté même, —
Car ce que nous disons nous ne le pensons pas,
Et ce que nous pensons nous le disons tout bas.

3.

Mais à propos d'un bal ic fais une satire.
Bien que ce soit toujours prêcher dans le désert,
J'en demande pardon à qui vient de me lire,
Et vais, pour la punir, mettre ma muse au vert.
Ma plume étant taillée il fallait bien écrire;
J'ai dégonflé ma rate, et je sors prendre l'air.

Alfred GHEERBRANT.

LES ÉPROUVÉS

-o✕o-

O vous qui chérissez l'enfance,
Mères des derniers arrivés,
Epargnez-leur une souffrance
Dont nous sommes les éprouvés.

A ces candides créatures,
Ames tendres que tout surprend,
Epargnez les douleurs futures,
Le nombre en est déjà si grand.

Quand ces jeunes bourgeons de vie
N'en sont plus aux premiers printemps ;
Quand la nature les convie
A s'épanouir palpitants ;

Quand ces fleurs, sur le point d'éclore,
S'ouvrent à nos yeux triomphants ;
Mères, s'il en est temps encore,
Mères, séparez les enfants.

Car c'est l'âge où le cœur s'embaume
Du premier parfum aspiré,
Dont le frais et subtil arôme
Le laisse à jamais pénétré.

N'attendez pas l'époque, ô mères !
Ou l'on est à deux en chemin,
Pour couper l'aile des chimères,
Pour ôter la main de la main.

Souvent, hélas ! dans cette épreuve,
Sur deux cœurs vous n'en frappez qu'un,
Qui pleure sa jeunesse veuve,
Et son premier amour défunt.

Au nom de blessures cuisantes
Que toutes vous n'ignorez pas ;
Au nom d'âmes agonisantes
Qui restent seules ici-bas ;

O vous qui chérissez l'enfance,
Mères des derniers arrivés,
Epargnez-leur une souffrance
Dont nous sommes les éprouvés.

A. GRIMAULT.

TELLE EST POUR TOI MON AME

-o꒰꒱o-

Un baiser du matin sur les fleurs odorantes,
Fait tout épanouir et parfume l'éther ;
Un sourire d'avril change en printemps l'hiver,
Et fait tout reverdir sur les tiges mourantes.

Pour ouvrir son calice aux senteurs enivrantes,
Que faut-il à la rose? Un reflet du ciel clair.
Pour atteindre la nue aux formes transparentes,
Que faut-il au ramier? Un coup d'aile dans l'air.

Il suffit d'un zéphir pour agiter la voile ;
Pour éclairer la nuit il suffit d'une étoile ;
D'un rayon de soleil pour égayer le jour :

Telle est pour moi ton âme, amie, elle me donne
Le rayon, la rosée... Et mon premier amour
Est né d'un seul regard de tes yeux de madone.

Albert Grimault.

A UNE MUSICIENNE

-o§§§o-

Quand la brise du soir apporte à mon oreille
Les chants du piano, pleins d'exquise douceur,
Quelque chose d'étrange en mon âme s'éveille
Et la note s'enfuit de vos doigts à mon cœur.

C'est à l'heure où la nuit, mélancolique et pure,
Au firmament profond suspend l'étoile d'or ;
A l'heure où tout se tait dans la grande nature,
A l'heure où tout esprit se recueille et s'endort.

Dans cette paix sereine, au milieu du silence,
La gamme harmonieuse éclate et retentit.
Est-ce un hymne d'amour, est-ce un chant d'espérance,
Est-ce un regret amer de votre âme parti ?

Est-ce l'écho divin d'une chaste pensée,
Ou le premier élan d'un songe aérien,
Ou le rire moqueur d'une fierté blessée...?
— Le poëte chétif, Madame, n'en sait rien.

Ces airs que vous livrez à l'instrument sonore,
Tantôt gais et bruyants, tantôt graves et doux,
Ne me demandez pas leur nom, car je l'ignore ;
Ce que je puis savoir, c'est qu'ils viennent de vous.

Aussi bien, nul ne sait tout ce que l'âme humaine
Peut confier parfois aux notes de cristal.
Soupirs d'amour, élans de joie ou cris de haine,
Tu dois tout contenir, poëme musical !

Répétez-le souvent, l'hymne riant ou sombre,
L'hymne mystérieux entre vos doigts éclos.
Ne craignez rien, Madame, on peut passer dans l'ombre,
De l'allégresse au deuil et du rire aux sanglots.

Chantez ! ne craignez pas que le pauvre poëte
Brode sur vos accords des couplets impuissants,
Et jamais ne craignez que la lyre répète,
Affaiblis ou changés, vos suaves accents.

Paul HAREL.

RÊVE BLOND

-oχo-

Au printemps des pays latins,
Sous les myrtes de Lucanie,
Quand Horace, indolent génie,
Chantait Nœra par les matins;
Dans les pas des premiers félibres
Nous aurions sifflé par les Thyms
Le tremolo des amours libres,
Au printemps des pays latins.

Au temps fleuri des reines blanches,
Au printemps des joyeux devis,
Gais troubadours partout suivis,
Nous aurions vu briller ravis,
Sous les cils noirs, les yeux pervenches,
Quand chatoyaient par les dimanches
Les cours d'amour sur les parvis,
Au temps fleuri des reines blanches.

Aux jours sanglants des Mignons-Rois,
Au temps des Grandes-Demoiselles,
Nous aurions au château de Blois,
Dans le petit clan des plus belles,
Conté des *Nouvelles-Nouvelles*
A Margueritte de Valois,
Qui lors en disait de cruelles
Aux vieux murs du château de Blois.

Hélas !... au printemps qui me grise,
Quand la poudre habillait l'esprit
Et que l'amour, signant sa prise,
Plaçait l'*assassine* (1) qui rit
Au coin des lèvres en cerise,
Folles d'amour, folles d'esprit !...

Au temps de l'adorable prose
Qui courait les soupers-Watteaux,
Quand se miraient dans les cristaux
Carline blanche et Duthé rose,
Que petillait l'aimable glose
De Lamothe et de Marivaux,
Voltigeant autour des trumeaux
Comme un papillon qui se pose.

---

(1) Nom de la mouche placée au coin des lèvres.

Mignonne, nous aurions été
Courir un brelan de marquise,
J'aurais fait des vers à Morphise
Et je me serais endetté.

Nous aurions vu, ne t'en déplaise,
Carlins en laisse, abbés d'amour
Se penchant pour faire leur cour
Sur les seins à boutons de fraise,
Tandis qu'en toque polonaise
Ton tigre noir eût à ton jour
Annoncé le cadre ou la chaise
De quelque Pastel de Latour.

Puis sous l'habit de l'aventure,
Toi soubrette et moi blond laquais,
« Au Garde-Suisse » près des quais,
Pour arroser une friture,
Nous aurions bu du vin nature
Que nous aurions trouvé mauvais.

Si quelque fermier de gabelle
T'eût dit, en minaudant : « Ma belle !... »
Nous l'aurions appelé : « Croquant ! »
Mais, s'il eût été mousquetaire,
J'aurais mis mon habit par terre
Et c'eût été, ma foi ! piquant !...

Nous aurions fait des bergeries...
Nous aurions fait des diableries...
Nous nous serions aimés huit jours !...
Hélas !... hélas !... où vont les choses ?
Où vont les ris..., l'esprit..., les roses ?
N'y pensons plus, mes chers amours !

OGIER D'IVRY.

LA CARTE DU FESTIN

Souvenir du 30 janvier 1879

A MADAME RAYMOND LUSSAN.

-oɤo-

La carte radieuse est là, près de mon verre,
Disant avec orgueil le festin d'aujourd'hui ;
C'est son heure d'éclat sous des flots de lumière ;
Elle aura froid, demain, dans mon humble réduit.

Mon réduit a, pourtant, son bien aimé mystère.
Là réside un espoir dont la clarté me suit ;
Là dorment des chansons filles de ma chimère ;
Et mon cœur les réchauffe au souffle qui s'enfuit...

Carte où le myosotis se lie à la pervenche,
Où, près des rameaux verts, la colombe se penche,
Tes reflets me sont doux près d'un monde glacé ;

Aujourd'hui, ton aspect m'attire et me convie ;
Demain, tu fixeras ce point bleu de ma vie.
Quand l'avenir s'éteint, on s'attache au passé.

LACOSTE (du Bourg.)

VENISE

Venise est belle encor, quand le regard embrasse
Son luxe oriental par le temps menacé,
Ses mauresques palais d'élégance et de grâce,
Saint Marc et son lion si fièrement dressé.

Cependant l'œil s'attriste et l'esprit s'embarrasse,
Au souvenir lointain d'un glorieux passé ;
Son sillon lumineux a bien marqué sa trace,
Mais si tout s'est terni rien ne s'est effacé.

Venise ainsi ressemble à ces charmantes femmes
Dont le doux souvenir est vivant dans les âmes,
Que l'âge, en cheveux blancs, en vain voudrait flétrir !

Elles ont la beauté du cœur que rien n'altère,
Le charme qui s'attache à ce qui, sur la terre,
A mérité de vivre, et ne doit point mourir.

Eugène LAMBERT

4.

NAPLES

-o✗o-

À la reine, aujourd'hui des cités d'Italie,
Si le passé manqua, l'avenir est resté.
Quand Venise se meurt dans sa mélancolie,
Naples déborde encor de vie et de gaîté.

Sur sa gloire en lambeaux, Rome en vain se replie,
Naples sourit au bord de son golfe enchanté :
L'une dans sa poussière elle-même s'oublie,
Quand l'autre est toujours jeune et garde sa beauté.

Les sœurs citent en vain leurs peintres de génie
Qui peuplent leurs palais de tableaux éclatants :
La *Cène* de Vinci s'est à jamais ternie ;

Du *Jugement dernier* l'on compte les instants ;
Quand l'œuvre du génie a péri par le temps !...
L'œuvre de la nature est comme elle infinie.

Eugène LAMBERT.

SONNET

-o⋈o-

— J'aime ton beau pays, car ton pays c'est toi.
Chose étrange ! en voyant ce sol qui t'a vu naître,
Comme un ancien ami, j'ai cru le reconnaître ;
Enfant, j'ai cru t'y voir gambader avec moi.

— Je suis de même, amie, et j'ai la même foi.
J'aime aussi ton pays plus que le mien peut-être ;
Mon être tout entier se confond dans ton être ;
Nous ne sommes plus qu'un; de l'amour c'est la loi.

Lorsque deux clairs ruisseaux s'unissent dans la plaine,
Tous leurs flots confondus qu'un même cours entraîne,
De leurs bords différents n'ont plus le souvenir.

C'est ainsi que nos cœurs se versant l'un dans l'autre,
Tout ce qui fut à l'un semble devenir nôtre,
Nous n'avons qu'un passé, n'ayant qu'un avenir.

Fernand DE MALLIARD.

AU DÉTOUR D'UNE ALLÉE

-o⊗o-

Hier (mon cœur longtemps en aura souvenir),
En un groupe charmant, hier j'ai vu s'unir
Tout ce qu'ont de divin la jeunesse et l'enfance.
Je crois la voir encore. En sa fleur d'innocence,
Belle et svelte, elle porte un enfant sur son cœur.
On dirait un bouton pressé contre une fleur.
Elle l'agace et rit pour le faire sourire,
Et, me voyant, penser que la candeur inspire,
Elle veut enseigner à l'enfant tout joyeux
D'envoyer un baiser le moyen gracieux ;
Et les doigts effilés, prenant la main débile,
La portent doucement à la bouche docile ;
Ou bien, joignant l'exemple à la leçon, parfois
Elle-même dépose un baiser sur ses doigts,
Puis les ouvre, disant une douce parole,
Afin que le baiser auprès de moi s'envole

Comme un frais papillon dans la main retenu :
Et moi, voyant sa grâce et son air ingénu,
Pour envoyer les miens je suis prompt et fidèle ;
L'enfant les prend pour lui... n'étaient-ils pas pour ell

Fernand DE MALLIA

-ο꒰○꒱ο-

NÉANT

-o✕o-

À quoi bon tant de pas, tant de cris, tant de luttes,
De courses sous l'orage ou le brûlant soleil,
Tant d'efforts impuissants suivis de lourdes chutes,
Tant de songes dorés qu'interrompt le réveil?

À quoi bon tant de pleurs, tant d'alarmes prudentes,
D'inutiles effrois où le cœur se dissout,
Tant de vains désespoirs, tant d'ivresses ardentes?
Puisque la pâle Mort est à la fin de tout.

À quoi bon tant chercher la fortune et la gloire
Et l'admiration du pauvre esprit humain ?
Puisque le plus beau jour s'éteint dans la nuit noire,
Et qu'un sépulcre ouvert est au bout du chemin.

À quoi bon s'acharner à de nocturnes tâches,
Et sur de longs travaux courber son front pâli ?
Puisque la mort saisit les braves et les lâches,
Et puisqu'après la mort vient le profond Oubli.

Homme ne sais-tu pas qu'il te faudra descendre
Dans le gouffre où jamais nul bruit n'a retenti,
Et qu'avant que le corps se soit réduit en cendre,
Le souvenir suprême est bientôt englouti ?

Vois combien peu de noms surnagent dans l'histoire ;
Et, quand même le tien des mortels éblouis
Aurait quelques instants enchanté la mémoire,
Penses-tu qu'il survive aux temps évanouis ?

Quand, les siècles ayant entassé leurs années,
Notre âge se perdra dans l'effrayant Passé ;
Quand, pour nos descendants, les blêmes destinées
Auront transformé tout, auront tout effacé ;

Qui pourrait espérer sans rêve et sans chimère,
Qu'une ombre restera des choses d'aujourd'hui,
Et que l'humanité se souviendra d'Homère,
Quand des millions d'ans auront passé sur lui ?

Fût-on le fier Héros en qui la Grèce expire,
Le vaincu de Zama, l'homme de Marengo,
S'appelât-on Orphée, Hésiode, Shakespeare,
Job, Eschyle, David, Dante, Milton, Hugo,

Quand des âges sans nombre et des âges encore
Auront monté sur nous, océans sans reflux,

Ces noms sacrés, ces noms qu'à genoux on adore,
Seront de vagues sons qu'on ne comprendra plus ;

Et quand même l'un d'eux, vestige solitaire,
Devrait vivre ici-bas, sublime et triomphant,
Un jour viendra, sinistre et fatal, où la Terre
Revêtira le deuil de son dernier enfant.

Tout rayon s'éteindra. Les ténèbres livides
Voileront la lueur du soleil éclipsé,
Et les flambeaux éteints des Immensités vides,
Tomberont en débris dans l'espace glacé ;

Et l'antique univers, tel qu'un vaisseau qui sombre,
Roulera dans l'abîme effroyable et béant,
Et rien ne sera plus que l'Étendue et l'Ombre,
Le silence éternel et l'éternel Néant.

Francis MELVIL.

POËTE ! ! !

-o:o-

Alors qu'il prend son vol vers les voûtes sereines
Où n'arrive jamais le tumulte des haines,
Où le jour resplendit virginal et vermeil,
Quand des bleus horizons la céleste lumière
Rayonne autour de lui, sans fermer la paupière,
Comme un aigle superbe, il fixe le soleil.

A ses yeux étonnés surgit un nouveau monde,
Son inspiration le peuple et le féconde ;
Et quand il a passé, les siècles tour à tour,
Moissonnent des lauriers pour célébrer sa gloire ;
Le temps répand sur tout son ombre la plus noire ;
Eternel seulement pour lui, brille le jour.

Son souffle généreux inspire l'épopée,
Des fils de son pays il dirige l'épée :
Il pleure la défaite et les morts glorieux ;
Ou bien à la victoire il guide la cohorte ;
D'un amour trois fois saint alors il la transporte,
Il montre la patrie et l'honneur à ses yeux.

Non ! tu n'ignores pas et l'ivresse et ses charmes ;
L'amour n'est pas cruel pour toi... tu le désarmes !
Et tes douces chansons raniment ses désirs !
Ton cœur est altéré : Béatrix ou Musette,
Qu'importe !!! mais il faut pour ton front, ô poëte,
Ces deux rayonnements : la gloire et les plaisirs.

A l'écho de tes chants d'où vient que je tressaille
Comme un jeune soldat au bruit de la bataille,
Génie, ardent penseur, que Dieu créa pour lui !
Toi dont le vol immense aime les hautes cîmes,
Dont le regard profond pénètre les abîmes :
Maître de tous les temps, d'hier et d'aujourd'hui !

Quand la mort te menace, elle respecte encore
Ce crépuscule ardent qui fait pâlir l'aurore,
N'osant de ce soleil voiler la majesté !
Oui, la mort n'est pour toi que la suite d'un rêve,
Car ta dernière nuit dans un rayon s'achève
Au jour éblouissant de l'immortalité.

F. MOUSSET.

LE BOIS DE GENNEBRY

-o❈o-

Il est un bois rempli d'ombre mystérieuse ;
Sous l'aubépine en fleurs gazouillent les pinsons,
Près d'un rocher sévère, une source rieuse,
Fuit sur le sable d'or à l'abri des buissons.

Dans les vallons ombreux, les frêles graminées,
Bercent sur leurs épis des papillons charmants :
Aux grelots des muguets, les fraîches matinées,
De la rosée en pleurs versent les diamants.

C'est Gennebry, caché sous les dômes sauvages,
Des bouleaux argentés et des châtaigniers verts,
Le printemps de ses fleurs a semé les rivages
Et la mousse s'étend sur les chemins couverts !

C'est là qu'au temps heureux, je suis venu l'attendre,
C'est là qu'un jour d'été, nous tenant par la main,
Nous fîmes un serment que Dieu seul dût entendre,
Que ma lèvre effleura sa lèvre de carmin !!...

Quand l'oiseau chantera du printemps le prélude,
Verrons-nous revenir nos bonheurs envolés ?
Enfant, me rendras-tu dans cette solitude,
Tes regards enivrants et tes rires perlés ?...

F. MOUSSET.

A MARCEL

QUATRE MOIS AVANT SA NAISSANCE.

-o⦂o-

Hier, dans les cieux étoilés,
Entre tes frères assemblés
En mélodieuses phalanges,
Tu chantais les hymnes sans fin,
Et tu te mêlais, Séraphin,
A la procession des anges.

Mais ces hôtes des bleus parvis
Quittent parfois le paradis
Pour peupler nos landes amères;
Subtils déserteurs de l'Eden,
Ce sont les anges qui, soudain,
Font tressaillir le flanc des mères.

Leur vol se mêle à nos rameaux ;
Sur nos douleurs et sur nos maux
Flottent leurs invisibles ailes ;
Tout à coup, par l'amour surpris,
Ces fleurs de l'air, ces purs esprits,
Revêtent nos formes charnelles.

Attentifs aux vœux des époux,
Ils changent les transports jaloux
En chastes et fécondes fièvres;
Ils idéalisent les sens,
Et parfument comme un encens
La chaude étreinte de nos lèvres.

C'est ainsi que l'amour sacré,
En son rite transfiguré,
Accomplit l'auguste mystère,
Et que Dieu, ce maître clément,
Par un nœud mystique et charmant
Fait unir le ciel à la terre.

C'est ainsi que tu vins à moi !
Le soir où tremblante d'émoi,
Pâle, sous mon baiser de flamme,
Ta mère exauça mon dessein,
J'ai senti sur son noble sein
Frissonner le vol de ton âme.

O toi le divin m   ger,
L'hôte promis à   i foyer,
Le fruit et la fleur de mon rêve,
O toi, l'espoir de ma maison,
Dans le maternel horizon
Sois comme l'aube qui se lève.

Je sais que les jardins du ciel,
Où le vol des Ithuriel
Palpite au milieu des extases,
Je sais que les bleus paradis
Unissent aux brûlants rubis
Les éblouissantes topazes.

Je sais que les anges charmés
Hantent les parvis enflammés,
Le seuil des radieux portiques ;
Je sais que ces divins passants
Aux flots de l'éternel encens
Mêlent leurs éternels cantiques ;

Je sais aussi, je sais encor
Que ce périssable décor
Qui sert aux hommes de théâtre,
Je sais que le terrestre enfer
Tourne sur des essieux de fer
Son char de limon et de plâtre.

Mais cet habitacle maudit,
Ce globe impur, dont on médit,
Ce monde sinistre, la Terre,
La sombre Terre peut aussi
Couronner son front obscurci
De l'escarboucle planétaire.

C'est l'amour, ce puissant flambeau,
Qui change ainsi le noir tombeau
Où s'agite la tourbe humaine,
En un paradis sans pareil ;
L'amour est le vivant soleil
Dont s'éclaire notre géhenne.

C'est cet astre aux rayons épars
Qui prête aux maternels regards
La flamme qui les illumine ;
C'est l'amour qui t'incarne en nous
Et qui fait sous ses feux plus doux
Bondir mon cœur dans ma poitrine.

Lève-toi donc ! parais soudain !
Dans notre mystique jardin,
Lis charmant, hâte-toi d'éclore !
Ouvre ton aile, ô jeune oiseau !
L'amour sur ton futur berceau,
Brille déjà comme une aurore.

Tu n'auras point à regretter
L'azur que tu viens de quitter,
L'Ether et ses brûlants pilastres;
L'amour doit te rouvrir les cieux,
Et dans les flammes de nos yeux
Tu reverras l'éclat des astres.

Nous sèmerons comme un tapis,
Les fleurs de pourpre et de lapis
Sous tes pieds aux blancheurs nacrées;
Le vivant accord de nos cœurs
Te rendra les célestes chœurs,
Le concert des harpes sacrées.

Et si, de ton bonheur jaloux,
Les anges disent ; Viens à nous!
Hormis le ciel, tout est chimère...
« Non! leur répondras-tu, jamais!
J'ai pour paradis désormais
L'immortel amour de ma mère. »

Francis PITTIÉ.

A LOUIS VEUILLOT

Après la mort de Mgr Dupanloup, évêque d'Orléans.

-oℵo-

Un homme vient de rendre au Seigneur sa belle âme.
Il fut tel parmi nous que chaque voix proclame
Son zèle, ses talents, sa foi, sa charité;
Mais devant ce cadavre, encor chaud sur la terre,
Tu t'es dressé, montrant le poing, ô pamphlétaire,
          Et tu l'as insulté!

Ce vieillard, que tu veux dans le linceul atteindre,
Ce vigoureux athlète aujourd'hui peut s'éteindre,
Assez longtemps son bras a vaillamment lutté.
Sa mémoire — entends-tu? — ne sera point ternie.
Cet homme eut les élans d'un homme de génie,
          Et tu l'as insulté!

Qu'il fut sublime aux jours de la guerre étrangère!
Combien il honora Jeanne, notre bergère!

D'ajouter à son humble et pure majesté
L'éclat de l'auréole il gardait l'espérance.
Cet homme d'un amour ardent aima la France,
   Et tu l'as insulté !

Lorsque ses ennemis laissent parler leur rage,
Tu fais, toi, ce qu'ils font. Pour lui verser l'outrage,
Sur son cercueil ouvert tu t'es précipité.
Tu n'as pas attendu l'heure de ses obsèques...
Cet homme fut un prêtre, un de nos grands évêques,
   Et tu l'as insulté !

Son œuvre le défend. Elle l'immortalise,
Et rend fiers à la fois son pays et l'Église.
Qu'il trouve enfin la paix ! Nul n'a mieux mérité
L'unanime tribut de la douleur publique.
Cet homme fut un saint. Tu te dis catholique,
   Et tu l'as insulté !

Ta haine restera tristement légendaire.
Montalembert, Gratry, Berryer, Lacordaire,
Chacun d'eux, tour à tour, fut par toi souffleté.
Il n'est rien qu'aujourd'hui Dupanloup leur envie :
Comme la leur, tu viens de couronner sa vie,
   Car tu l'as insulté !

      Louis de PRÉVILLE.

VENISE

Vedere Venezia e poi morire !

—⊙⧽⊱⊰⊱⊰—

O Venise la belle, ô ville de l'amour,
   Ville que Dieu lui-même,
Comme sa plus belle œuvre, à faite quelque jour,
   O Venise, je t'aime !

J'aime ta mer si bleue où, calmes et sans bruit,
   Circulent les gondoles,
Sombres oiseaux de deuil d'où sortent dans la nuit
   D'amoureuses paroles.

J'aime ton ciel d'azur où brille un soleil d'or,
   Dont l'ardente lumière
Se jouant dans des flots plus éclatants encor
   Semble embraser la terre.

J'aime tes vieux palais endormis dans la mer
   Où le souvenir loge,

Où l'œil croit découvrir sous le balcon de fer
    La grande ombre d'un doge ;

Et ces temples de marbre où le verre et l'émail
    S'incrustent dans la pierre,
Et qui parlent aux cœurs d'amour, sous le portail,
    Plutôt que de prière.

Et ces processions ou de saints ou de rois,
    Ces pâles mosaïques,
Que le soleil couchant vient réveiller parfois
    Au fond des basiliques ;

Et ces sombres canaux, cachés sous les maisons,
    Où glissent les gondoles
Qui fendent l'eau gaiment à travers ces prisons
    Au son des barcarolles ;

Et, dans tous les palais, ces Carrares si purs,
    Ces toiles poétiques,
Qui portent fièrement les noms parfois obscurs
    Des gloires artistiques ;

Et ces femmes sans fard, au lourd chignon doré,
    L'œil vif, la gorge nue,
Dont les lèvres de feu vous laissent enivré
    Et dont l'amour vous tue !

. . . .

Mais tout cela n'est rien que hochets sans retour.
      Ce que j'aime, ô Venise,
Ce sont tes longues nuits, tout empreintes d'amour,
      Que parfume la brise ;

C'est mener sur tes flots en gondole, les soirs,
      Quelque patricienne,
Mon bras serrant son corps, mes yeux dans ses yeux noirs,
      Ma bouche sur la sienne ;

C'est, cachés sous la tente, échanger de doux mots,
      Tandis que, l'air stoïque,
Le gondolier conduit sa barque sur les flots
      En chantant un cantique ;

C'est suivre du regard ce flot toujours changeant
      Que brise la nacelle,
Tandis qu'à l'horizon un long ruban d'argent
      Sur la mer étincelle ;

C'est aimer, c'est rêver, se rappeler enfin
      Que nous avons une âme,
Pauvre souffle endormi qui s'éveille soudain
      Au regard d'une femme ;

C'est respirer sans fin cet air chargé d'amour
    Et de folles ivresses ;
C'est boire tes plaisirs, Venise..... et, quelque jour,
    Mourir sous tes caresses !

Charles DE TAVERNIER.

A MADAME F...

-o꘠o-

On dit qu'un jour, de Dieu la palette sacrée,
Voulant faire un chef-d'œuvre, un être sans pareil,
Créa votre beau corps, dont la blancheur nacrée
Fait frissonner la nuit les anges du sommeil ;

Qu'ayant rêvé pour vous une tête adorée,
Il mit tout son printemps sur votre teint vermeil.
Dans vos yeux, tout l'éclat de sa voûte azurée,
Et sur vos blonds cheveux tout l'or de son soleil,

Afin que vous puissiez, rayonnante et sereine,
Par le monde ébloui passer comme une reine,
Sur un peuple d'amants régner comme un vainqueur ;

De votre seul aspect nous enivrer, Madame,
D'un seul de vos regards, mettre l'amour dans l'âme,
D'un seul de vos baisers... mettre le ciel au cœur.

E. TROLLIET.

LES JEUNES

-o✗o-

O jeunes, en avant ! loin de nous la paresse,
Les énervants plaisirs et les molles langueurs.
En avant, en avant ! que ton ardeur, jeunesse,
Coule avec notre sang et batte avec nos cœurs.

Des lâches voluptés que la coupe stérile,
Sans retard, sans regret, se brise en notre main,
Et puisque nous touchons à l'époque virile,
Nous tous, enfants d'hier, soyons hommes demain.

Portons en notre sein l'ambitieuse flamme.
Comme on voit un vaisseau partir avec le vent,
Quand le vent de la gloire a soufflé sur notre âme,
Qu'elle n'hésite plus et s'élance. En avant !

Allons tous hardiment où le destin nous porte !
Le courage à nos cœurs, l'espérance à nos fronts,
Partons, savants, soldats ou poëtes, qu'importe ?
Les routes devant nous sont ouvertes ! Entrons.

4*.

Jeune penseur, poursuis la vérité, sans trêve ;
Prends l'éclatant flambeau, qui, parti de Bâcon,
Va du savant qui meurt au savant qui se lève,
Toujours plus lumineux et toujours plus fécond.

Soldat, rappelle-toi que la France est meurtrie,
Grandis pour la revanche, arme-toi pour demain,
Et quand l'heure viendra, gardien de la patrie,
Lève-toi tout à coup, le glaive dans ta main.

Surgis comme un héros, pour venger notre France,
Lutte, triomphe, meurs... et sache réunir,
Très grand par tes exploits, très saint par ta souffrance,
Les lauriers du vainqueur aux palmes du martyr.

Et toi poëte, et toi, dont l'âme transportée
Sait, elle aussi, combattre en échauffant les cœurs,
Chante pour ton pays, et que ta voix, Tyrtée,
Quand la France est vaincue, enfante des vainqueurs.

Chante aussi pour ton Dieu, car c'est Dieu qui t'inspire,
Pour tout ce qui fut grand, pour tout ce qui fut beau ;
Chante....., donne en passant, aumône de ta lyre,
Une larme à la tombe, une fleur au berceau.

Rejette loin de toi les voluptés humaines,
A la réalité dis pour toujours adieu ;

Vers le monde idéal, vers les hauteurs sereines.
Prends ton vol, prends ton vol, ô toi, l'élu de Dieu !

Avide d'infini, ta jeune âme isolée
Qui des rives du ciel s'échappa quelque jour,
Chercherait vainement, pauvre amante exilée,
Dans ce monde mortel un immortel amour.

Qu'elle monte plus haut ! regarde, sur ta tête
Il est une déesse au visage brillant !
Elle semble vers toi tendre ses bras, poëte,
Et sur son chaste cœur t'appelle en souriant !

Contemple sa beauté ; la flamme du génie,
Radieuse et sublime, étincelle en ses yeux ;
Elle verse en sa voix comme un flot d'harmonie ;
Elle porte à son front comme un rayon des cieux.

Va donc ; à ses festins elle offre l'ambroisie ;
Elle a pour ton amour un cœur toujours ouvert,
Elle a pour sa couronne un laurier toujours vert,
Pour jouet une lyre, et pour nom : Poésie.

Emile Trolliet.

TROISIÈME PARTIE

MM.

M. D'A.
GASTON BARBEY.
CAMILLE BLONDIOT.
A. COCHIN.
A. GISAIDE.
JULIEN GOUJON.
J. DE ẠUIGNÉ.
ED. D'HARAUCOURT.
E, DE LA JONQUIÈRE.
A. JOUBERT.
A. LAMBERT.
E. LAPANNE.

MM.

A. LARSONNEUR.
LARVORRE DE KERPENIC.
E. LB MOUËL.
J. LUGOL.
A. MARQUE.
E. MICHELET.
POMMERAY.
MARIUS POUGET.
J. SIGAUX.
A. TRONCHE.
JACQUES VILLEBRUNE.

TEINTES D'OCTOBRE

-o✠o-

La pluie et le soleil ont rouillé les ormeaux.
　　　Dans la forêt cuivrée,
Quel voyageur céleste a couvert les rameaux
　　　D'une teinte dorée ?

Voici venir l'automne, ô ma pauvre forêt !
　　　La débacle commence.
Tout se fane et jaunit : la colline paraît
　　　Une palette immense.

L'automne, artiste, arrange et mêle ses couleurs
　　　Non sans coquetterie.
Le safran jaune, avec de charmantes pâleurs,
　　　Aux pourpres se marie.

L'ocre et le vermillon, la laque et le carmin
　　　Font des taches sans nombre
Sur le feuillage vert, que le givre demain
　　　Argentera dans l'ombre.

Le grand badigeonneur Octobre, au pinceau d'or
　　　　A pris des teintes d'ambre,
Pour revernir les bois et brosser le décor,
　　　　Que flétrira Novembre.

On dirait qu'un brandon de flammes a roussi
　　　　Les prés et les fougères,
O le mois peu galant, qui ne prend nul souci
　　　　Du tapis des bergères !

La vigne, s'affaissant au mur qu'elle enlaçait,
　　　　D'un lierre soutenue,
Rougit, comme une enfant qui perdrait son corset,
　　　　De se voir demi-nue.

Des jours mystérieux commencent à s'ouvrir
　　　　Dans les halliers moroses,
Le cerisier coquet a l'air de refleurir,
　　　　Avec ses feuilles roses !

La grive alerte vole aux sorbiers éclatants ;
　　　　Y picore, et le tremble,
Couvert de grappes d'or qui parlent du printemps,
　　　　Au cytise ressemble.

Le hêtre, sur le flanc des monts, paraît en feu,
　　　　Tant sa feuillée est rousse,

— Le vent ne souffle pas pourtant, le ciel est bleu,
Et l'eau court dans la mousse. —

Sur le fond noir des pins, qui conservent toujours
Leur fourrure profonde,
Ressort le frêne ardent, comme sur un velours
Une dentelle blonde !

M. d'A.

MA MIGNONETTE

Imitation de l'Andalouse de Musset

A VIOLETTA

-oℋo-

Connaissez-vous ma mignonnette,
Ma Mignonnette aux blonds cheveux ?
En la voyant, je suis poëte,
Je célèbre, en ma chansonnette,
L'azur brillant de ses beaux yeux,

Quand vient la nuit, mon amoureuse
Offre sa bouche à mon baiser,
Et dans mes bras, l'âme joyeuse,
J'enlace ma belle enjoleuse ;
La Volupté vient nous griser.

Le front brûlant, l'être en délire,
Ivre d'amour, sur son beau sein
Je m'allanguis et je soupire,
Et sur sa lèvre, un frais sourire
S'épanouit jusqu'au matin.

J'ai fait serment d'aimer sans cesse
Ma Mignonnette aux blonds cheveux,
Toujours près d'elle, je m'empresse,
Je la chéris, je la caresse,
En lui faisant de doux aveux.

Gaston BARBEY.

HENRI IV AU SIÉGE D'ÉPERNAY

(1595)

LÉGENDE CHAMPENOISE

-o※o-

Hochet des factieux, la couronne de France
Attend, depuis trois ans déjà, sa délivrance ;
La fortune sévère encor semble n'oser,
Sur le front de Henri de Bourbon, la poser.
Or, la ligue est puissante : elle a Reims, la Lorraine ;
Paris combat pour elle, on la voit souveraine
Des rives de la Marne aux monts du Nivernais,
Et railleuse, nommer le roi le *Béarnais*.
Pourtant il a fait fuir l'ambitieux Mayenne
Et nul n'a de valeur qui surpasse la sienne.
Il assiége Epernay qu'ont repris les ligueurs. —
Pour lui faire oublier les fatales rigueurs
De la guerre, éloigner les ennuis, la tristesse,
Dupuis (1), la belle blonde, est son aimable hôtesse.

---

(1) Henri IV allait souvent voir à Damery la présidente Dupuis qu'il appelait
« sa belle hôtesse. »

Le paisible et coquet castel de Damery
A des attraits charmants pour le vainqueur d'Ivry.
On lui verse le vin de la côte voisine,
Pétillant, savoureux, qui soudain l'illumine
D'étincelants rayons de joie et de gaîté ;
Redevenant poëte, il chante la beauté
Qui l'aide à conquérir doucement le Champagne.
Le maréchal Biron aujourd'hui l'accompagne,
Il est venu du roi partager les loisirs
Afin de l'arracher ce soir à ses plaisirs.
Ils reviennent tous deux, fort gaîment, par Cumière
Ils regagnent le camp.

          Des feux de sa lumière,
Un beau soleil couchant embrase le coteau
Où se dressait jadis le menaçant château
De Châtillon. On voit, au loin, parmi les herbes,
Ses pans de mur, toujours debout, toujours superbes.
La belle présidente au sommet de sa tour
Fixe sur le chemin ses yeux baignés d'amour.
Les cloches du couvent d'Hautvillers, en volée,
Font prier les échos de toute la vallée.
Les nobles chevaliers s'en vont toujours gaîment,
Ils songent au bonheur, mais tout différemment.
L'un pense à son amie, il pense qu'à l'aurore
Biron lui permettra de l'aller voir encore ;

                                    5.

I! chante, et les oiseaux ravis, dans le buisson,
Ecoutent les refrains de sa douce chanson : (1)

« Viens aurore,
« Je t'implore,
« Je suis gai quand je te voi ;
« La bergère,
« Qui m'est chère,
« Est vermeille comme toi.

« Elle est blonde,
« Sans seconde,
« Elle a la taille à la main.
« Sa prunelle
« Etincelle
« Comme l'astre du matin.

« De rosée,
« Arrosée,
« La rose a moins de fraîcheur ;
« Une hermine
« Est moins fine,
« Le lis a moins de blancheur ;

(1) Chanson attribuée à Henri IV.

« D'ambroisie,

« Bien choisie,

Dupúis se nourrit à part,

« Et sa bouche,

« Quant j'y touche,

« Me parfume de nectar. »

Biron songe à la gloire ; il est plein de puissance,
Les princes sont jaloux de sa magnificence,
Les murs de son château sont cuirassés d'airain,
Il a le Périgord en pouvoir souverain.

Ils vont ainsi joyeux, au gré de leurs montures,
Se contant ou rêvant d'heureuses aventures.

. . . .

Au détour d'un sentier, soulevé par le vent,
Est tombé le chapeau du roi. Le relevant,
Biron, avec fierté, l'a placé sur sa tête.
Il dit : « Les assiégés font bien grande tempête,
« Nous sommes en retard et l'on doit de la tour
« Saint-Antoine épier, Sire, votre retour.
« Maître Petit (1) est habile pointeur, qu'il vise
« Droit au panache blanc ; sous sa noble devise
« Biron voudrait mourir. — Lorsque d'Egmont tomba (2)

(1) Maître de l'artillerie de la ville d'Epernay.
(2) Après la bataille d'Ivry, rapporte Voltaire, Biron dit à Henri IV : « Sire
vous avez fait ce que devait faire Biron et Biron ce que devait faire le roi. »

« Vaillant, vous aviez pris ma place de combat,
« J'ai la vôtre aujourd'hui, Dieu seul m'en congédie. »

L'idylle tout à coup se change en tragédie ;
Auprès d'eux un boulet vient creuser le chemin,
(Alors les chevaliers se sont serré la main.)
Un second boulet part, le maréchal chancelle,
Sa tête lourdement retombe sur la selle,
Hélas ! coiffée encor du chapeau blanc du roi. —
Soudain le camp s'emplit de terreur et d'effroi...

Henri pleura longtemps sur ce grand chef d'armée,
Aussi grand de talent que grand de renommée.
Lorsqu'il put d'Epernay posséder les remparts,
Entendre proclamer son nom de toutes parts,
Voir tous les habitants saluer son passage,
Un sombre souvenir attristait son visage ;
Il songeait à Biron, son précieux ami,
Dans un sommeil de gloire à jamais endormi...
Et, prince magnanime, ignorant la vengeance,
Il dit à ses guerriers : « Le pardon, l'indulgence,
« Autant que la valeur, fait croître nos succès,
« Prenez soin des vaincus que j'aime, ils sont Français. »

Camille BLONDIOT.

SUR UN VASE ÉTRUSQUE

TROUVÉ A CHIUSI L'ANTIQUE CLUSIUM

-o✠o-

Vase pétri de simple argile,
Aux purs et gracieux contours,
A te voir si beau, si fragile,
On te croirait, de quelques jours,
Sorti de chez cet humble artiste
Qui de ses mains te façonna ;
Et pourtant bien longue est la liste
Des siècles écoulés déjà,
Jusqu'au jour où, dans les ténèbres,
Aux lueurs des pâles flambeaux,
Caché dans les cryptes funèbres,
Tu fus trouvé sur les tombeaux.

On dit que lorsque la lumière
Eclaira leurs sombres parois,
On vit sur leurs froids lits de pierre
Couchés les guerriers d'autrefois,

Aux clartés pâles et tremblantes,
Ils paraissaient comme endormis ;
Leurs manteaux aux couleurs brillantes
Les drapaient encor de leurs plis.
Pour les yeux frappés de surprise,
Ce fut comme une vision ;
Un rêve qui se réalise ;
La splendide évocation

De toute une époque passée !
Ce spectable plein de grandeur
Remplissait même la pensée
D'un respect mêlé de terreur.
Mais, comme un fantastique songe,
Vaporeux enfant de la nuit,
Qui nous charmait de son mensonge,
Quand vient le jour s'évanouit ;
Sous cette voûte funéraire
L'air à peine avait pénétré,
Que tout retombait en poussière,
Et s'était comme évaporé.

Et de ceux qui semblaient attendre,
Couchés là depuis deux mille ans,
Il ne restait qu'un peu de cendre,
Seul débris qu'épargne le temps.

Mais, le jour perçant les ténèbres,
Bientôt apparurent aux yeux,
Rangés près des couches funèbres,
Les trésors les plus précieux.
De tous côtés, sur les murailles,
L'ancien monde était reconstruit ;
Jeux, sacrifices et batailles,
L'artiste avait tout reproduit.

Sur les lits, ornés de sculptures,
Mille objets étaient entassés :
Urnes, flambeaux, armes, parures,
Tout l'art enfin des temps passés.
Car ici-bas l'homme éphémère,
Ne fait, hélas ! que traverser,
Mais, pour survivre à sa poussière,
Il sait produire, il sait penser.
C'est ainsi, que dans leurs ouvrages,
Revivaient ces peuples éteints :
Tristes et muets témoignages
De l'inconstance des destins.

Sur cette terre si féconde,
Que de peuples se sont mêlés !
Vingt fois les empires du monde
Se sont depuis lors écroulés !

Et toi de Rome la rivale,
Clusium qu'es-tu devenu ?
De Porsenna la capitale
N'est plus qu'un village inconnu.
Eh quoi ! de ton antique gloire
Pour parler aux siècles nouveaux,
Pour leur rappeler ta mémoire,
Il ne reste que des tombeaux.

Faut-il donc que le temps proscrive
Tout ce qui grandit tour à tour !
Thèbes, et Memphis, et Ninive,
Babylone, reines d'un jour,
Cités si puissantes naguère,
Noms que l'histoire a retenus,
O points lumineux de la terre !
Qu'êtes-vous donc tous devenus ?
Ici quelques pauvres bourgades
Rappellent à peine vos noms ;
Là campent des tribus nomades
Sur la terre des Pharaons !

Où des nations déjà vieilles
Brillaient autrefois par les arts ;
Où l'homme enfantait des merveilles,
Quelques débris gisent épars !

Mais sur ces ruines, peut-être,
Futures générations,
Vous verrez quelque jour renaître,
Briller de grandes nations.

Ainsi quand des forêts antiques
Sous la cognée ont disparu,
Veuf de leurs ombres magnifiques,
Le sol paraît désert et nu ;
Mais bientôt la sève ruisselle,
Fait jaillir des bourgeons naissants ;
Et plus tard la forêt nouvelle
Renaîtra de leurs jets puissants !

A. Cochin.

L'OMBRE D'ELVIRE

Le 18 août 1878 la ville de Mâcon a inauguré
la statue de Lamartine.....

-o❊o-

Donc c'est fait, c'est éteint : flambeaux, toasts et musique.
Silence et nuit partout. Sous le ciel magnifique,
Bronze, nous voilà seuls ; car ceux-ci, qui vingt ans
Oublièrent ta vie et dix ans ta mémoire,
Pour quelques mots jetés en aumône à ta gloire
      S'en sont allés, — contents !

Donc, artistes, savants, ceux de l'Académie
Qui jadis pour flatter une brigue ennemie
Te chicanaient l'honneur d'un discours d'apparat,
Et ces lettrés du jour qui vont scrutant des rimes
Et laissent aux rayons jaunir tes vers sublimes,
      Et ce Paris ingrat,

Ce peuple dont ta voix apaisait le délire,
Ces tribuns, mendiant un accord de ta lyre

Pour leur cause en détresse, à cette heure où ta main
S'offrait loyalement et d'une ardeur pareille
Aux rouges comme aux blancs, — tous, chiens couchants
        Dogues le lendemain ;   [veill

Tous, ils sont revenus à leur monde, — aux affaires,
Disent-ils ; — le remous des faveurs populaires
Va reporter ailleurs ses flots bientôt lassés.
De l'oubli, de la rouille et du temps qui nous mine,
Des hommes et du sort, mon ombre, Lamartine,
        Te défend : — c'est assez !

Raphaël, Raphaël, entends : — c'est ta Julie ;
Alphonse, c'est Elvire... Ah ! le nœud qui nous lie
Fut d'un métal trop pur, tombé du paradis :
Pour déplier ton aile et pour t'ouvrir la veine,
Jeune homme, j'ai donné toute ma vie... à peine
        En ai-je su le prix !...

Te souvient-il du quai, la nuit, sous la *bruine*,
Quand, maigre, un habit noir collé sur la poitrine,
Tu guettais ma fenêtre, — et sitôt la lueur
Aux vitres, — toi, le feu dans les yeux, sur les lèvres,
Tu rapportais ce front moite des saintes fièvres
        A mon baiser de sœur...

O dans ce grand Paris l'exquise solitude !
O l'entre-sol obscur, les âpres jours d'étude ;
Puis, aux premiers lilas, nos courses dans les prés !
Et ce lac, tant de fois témoin de notre extase,
Qui la respire encor sur ses eaux, comme un vase
      Plein de parfums sacrés ?...

Toujours l'amour caché prend la fleur de nos âmes ;
Le monde n'a jamais qu'un reste de nos flammes ;
Il entend un accord ; il s'arrête et le suit ;
Mais il ne sait d'où part cette voix qui l'enchante
Ni qu'il faut au poète une sœur, une amante,
      Un cœur brisé pour lui.

Dieu, — ce Dieu que ta foi m'empêcha de maudire, —
Voulut, hâtant ma mort, m'épargner le martyre :
Tu ne m'auras point vue envieillir, — ni mes yeux
N'auront lu dans les tiens quelque importun présage...
Non, pour toujours, la mort sur mon jeune visage
      Mit un sceau radieux !...

C'est toi qui l'as appris, qu'en ce monde où nous sommes
L'amour, comme un fruit mûr, tombe du cœur des hommes.
Quel autre, après César, était monté si haut ?...
Mais, idole d'un jour, la France trop sévère,
Te fit un long déclin et vingt ans de misère,
      Du triomphe au tombeau.

Maintenant que tu dors dans la paix infinie,
Lamartine, dis-nous : — qu'est donc pour le génie
Cette gloire d'en bas dont tu lus affamé ?...
C'est un chant dans la nuit, c'est un vers qui surnage,
C'est un couple pensif qui, laissant choir la page,
Murmure : « Ils ont aimé ! »

A. GISAIDE.

1870-1871

-oӜo-

La blonde Alsace aimait le rire et les chansons.
Quand la brume tombait sur le clocher gothique,
Les amoureux ayant la gaîté des pinsons,
Roucoulaient sous l'auvent la sérénade antique.

L'accordéon vieilli soupirait de vieux sons,
Souvenir incomplet d'une ronde rustique,
Et la vierge aux yeux bleus souriait aux garçons.
L'aïeul se redressait et faisait le caustique.

Grand'mère sous des fleurs cachait ses cheveux blancs,
La musique égayait encor ses pas tremblants,
Et la bière à longs flots coulait dans les timbales.

La valse dans ses plis enlaçait les amants.
Que de rêves d'amour, que de propos charmants,
Au milieu des chansons et du bruit des cymbales.

L'ennemi glorieux entre au choc des cymbales ;

Plus de rêves d'amour, plus de propos charmants,
La guerre dans ses bras étouffe les amants.

Le Hun se verse à boire et vide nos timbales.
Près de l'âtre muet, grand'mère aux pas tremblants,
Sous un bonnet de deuil cache ses cheveux blancs.

L'aïeul ne songe plus à faire le caustique
Devant l'ange aux yeux bleus qui pleure les garçons.
Le bruyant Tannhauser couvre le chant rustique,
L'acordéon poudreux a perdu ses vieux sons.

Relisant les hauts faits de notre histoire antique,
Les amoureux n'ont plus la gaieté des pinsons
Quand la brume s'abat sur le clocher gothique.
L'Alsace n'aime plus le jeu ni les chansons.

Julien Goujon.

SONNET

Heureux celui qui peut, à l'ombre des grands bois,
Couler en paix ses jours, loin du fracas du monde,
Qui n'a devant les yeux que la forêt profonde
Qui parfois tremble au cri d'un vieux cerf aux abois.

Il ignore la foule et se rit de ses lois,
Et son cœur est aussi pur que l'azur de l'onde,
L'humaine fausseté, dont le torrent inonde
Les villes et les bourgs, fuit au son de sa voix.

La nature suffit à son cœur jeune encore ;
Les antiques sylvains sont les dieux qu'il adore ;
Il n'a jamais connu l'envie et le chagrin.

Rien ne touche son âme et rien ne l'inquiète,
Aucun bonheur ne manque a son cœur de poëte ;
Il vit libre et content, sans souci de demain.

J. DE GUIGNÉ.

A L'INNOMMÉE

-o✳o-

A vous ces pauvres vers ! A vous, qui la première
En me voyant si laid, n'avez pas eu trop peur ;
Qui, voyant ma gaîté railleuse et familière,
Avez dit que peut-être une âme tendre et fière
      Rêvait sous ce masque trompeur !

A vous, qui dans mes yeux de Faune avez su lire
Des chagrins que jamais une autre n'avait lus ;
A vous, qui, devinant l'effort de mon sourire,
Avez semé tout bas dans mon cœur, sans rien dire,
      Un bonheur qu'il n'espérait plus...

Savez-vous qui j'étais quand je vous ai connue ?
— L'hiver précoce avait neigé sur mes vingt ans.
Soudain, le gai soleil rayonna : sa venue,
Réchauffant d'un baiser la terre triste et nue,
      Réveilla les fleurs du printemps !

Un poëte peut naître à la voix qui l'appelle ;
Une âme peut germer. — Comme un myrtile d'or
Sort de la chrysalide en déployant son aile,
Je sentis sous mon front sourdre une âme nouvelle
      Qui s'ouvrit et prit son essor.

Poëte ! si j'étais vraiment un vrai poëte !
Si j'avais le génie ardent et créateur !
Si je pouvais sortir un monde de ma tête !
Si mon esprit savait se faire la conquête
      De tout ce que j'ai dans le cœur !

La gloire ! Être un grand nom ! La gloire et la parole !
Vivre, géant rêveur, dans des siècles sans fin !
Poëte ! Être celui qui blâme et qui console !
Poëte ! avoir au front la divine auréole,
      Et dans l'œil le regard divin !...

Oh ! je créerais une œuvre éclatante, infinie,
Et je la jetterais au monde stupéfait !
Les peuples s'écrieraient : « Quel est donc ce génie ? »
Alors, je chanterais ton nom, douce harmonie,
      Et je dirais : « Elle a tout fait !

« Les vers viennent de l'âme, et mon âme c'est Elle,
« Écoutez : dans mon cœur elle a mis tout le sien.

« Mon cœur est trop étroit pour ce cœur qu'il recèle·

« Quand le vase est trop plein, l'eau déborde et ruisselle ;

    « Son cœur a débordé du mien.

« C'est Elle, dans mes vers, qui vit et qui respire.

« J'ai trouvé les plus purs au regard de ses yeux ;

« J'ai cueilli les plus doux aux plis de son sourire ;

« Et les plus tristes même ont vibré sur ma lyre

    « A l'heure triste des adieux... »

L'histoire t'offrirait sa page la plus belle ;

La foule en te voyant s'ouvrirait : « La voilà ! »

Et je leur répondrais : « Regardez-bien : c'est Elle !

Elle m'a fait heureux, je la fais immortelle :

    « C'est peu ; je n'ai pu que cela. »

Mais hélas ! au rêveur qui veut la renommée,

Notre siècle de prose est un siècle moqueur.

Je mourrai dans ma nuit, et sans t'avoir nommée,

Et sans même avoir su, ma pauvre bien aimée,

    Payer la dette de mon cœur !

                Edmond D'HARAUCOURT.

LES DOULEURS DE VENISE

Noble fille des eaux, opulente Venise,
Sultane nonchalante assise aux bords des flots,
Tu vins parfois jadis confier tes sanglots
A la mer qui te ceint caressante et soumise.

Dans ses salons déserts la courtisane assise
Oubliait ses chansons et ses joyeux grelots,
Le vieux doge craignait le poignard des complots,
Et les Plombs envoyaient leurs soupirs à la brise.

Mais le monde oubliait la route de tes ports,
Tu remis ta couronne, et relevant la tête,
Tu lanças vers l'Europe un regard de coquette.

Hélas ! il fut bien court, Venise, et tu t'endors ;
Ainsi qu'après un bal, de ta face défaite
La guerre a fait tomber ton gai masque de fête.

E. DE LA JONQUIÈRE.

A LA NUQUE DE MA MIE

-o✠o-

Petit coin blanc où folichonne
Un essaim de cheveux mutins,
Nuage brun de crépés fins,
Gaze transparente et friponne ;

Nuque sculptée en fin contour,
Comme un marbre de Praxitèle,
Tes boucles sont le nid fidèle
Où se niche un mignon amour.

Le cœur vide, et partant tranquille,
Je passais, cueillant aux buissons
Les fleurs de toutes les saisons,
N'en aimant pas, — en aimant mille. —

Il me vit, et son œil moqueur
S'éclaira d'un malin sourire,
Sa bouche s'ouvrit pour me dire :
Pauvre ami, prends garde à ton cœur.

Je me croyais sûr de moi-même ;
Je souris et voulus passer,
Je n'aurais jamais pu penser
Qu'on aimât si vite qu'on aime.

Hélas ! il fallut un instant :
L'espiègle écarta d'un coup d'aile
Un petit coin de la dentelle
Dont s'entourait ton col charmant.

Devant cette œuvre si parfaite,
Je m'arrêtai pour admirer,
Puis je me pris à soupirer,
Puis enfin je perdis la tête.

Étendue auprès de ton feu,
Causant, nonchalante et rieuse,
Tu te pelotonnais, frileuse,
Dans ton peignoir de velours bleu ;

Tu ne te doutais pas du drame
Que ta collerette abritait,
Et qu'un garnement s'essayait
Méchamment à ravir mon âme.

L'enfant riait de mon chagrin,
Je le saisis, tout en colère,

Et voulus le briser à terre ;
Il sut me glisser de la main.

Je le cherchais pour le reprendre,
Pour le reprendre et le punir,
Mais je ne pus y parvenir,
Il s'était enfui sans m'attendre.

Et quand partout je l'eus cherché,
Je sentis comme une brûlure :
Au sein j'avais une blessure,
Dans mon cœur il s'était caché.

Alfred JOUBERT.

L'APPEL DU PRINTEMPS

A MADEMOISELLE ***

-o╫o-

Déjà, dans les branches frissonne
Le premier souffle du printemps,
Déjà, sous le ciel bleu résonne
Le chant de l'oiseau qui bourdonne,
Viens, la jeunesse n'a qu'un temps.

La terre a changé sa parure,
Comme pour fêter tes quinze ans ;
Là-bas le frais ruisseau murmure,
Viens, tout sourit dans la nature,
Viens, la jeunesse n'a qu'un temps.

La blanche fleur de la prairie
Et la fauvette dans les champs,
L'insecte, sous l'herbe fleurie,
Tout te dit : « Viens, viens, mon amie,
Viens, la jeunesse n'a qu'un temps. »

Hélas ! les laisserons-nous dire,
Seras-tu sourde à leurs accents,
Lorsque ton petit cœur soupire ?
Viens, redis-moi dans un sourire :
« Oui, la jeunesse n'a qu'un temps. »

Gaspillons-la notre jeunesse,
Jetons-en les débris aux vents,
Mon amour, mon enchanteresse,
Viens, ô ma belle, une caresse,
Car la jeunesse n'a qu'un temps.

Adolphe LAMBERT.

A CORNEILLE PATRIOTE !

On est de tout son sang comptable à la patrie.
HORACE.

-o≫o-

Maître, salut à toi ! Salut à toi, Corneille !
Que ta voix à jamais résonne à notre oreille
Comme un divin transport d'espérance et de foi.
Et puisque tes accents font tressaillir nos âmes,
Puisque tu nous conduis, puisque tu nous enflammés,
       Maître, salut à toi !

France, oh ! comme il t'aimait l'illustre et grand poëte,
Comme il t'aimait, ô France, alors que dans sa tête
Il sentait s'agiter tous ces bouillonnements !
Comme son ombre immense au fond des nuits s'allume,
Forgeron, dont les vers ont gardé de l'enclume,
       Les éblouissements !

Écoute, ô vrai Français, ô toi qui fis *Horace*,
Depuis qu'à notre sol ta tombe a pris sa place,
Sous bien des ouragans ses cyprès ont gémi.

Hier, hier encore, une marque flétrie,
Sanglante, s'imprimait au cœur de la patrie
    Sous un pied ennemi !

Ah ! l'on a bien souffert, va, pendant cette lutte,
Allant de honte en honte, allant de chute en chute,
Lavant avec du sang le sol déshonoré ;
Puis vaincu par la faim, vaincu par la souffrance,
Comme on ne t'avait plus pour parler d'espérance,
    On a désespéré !

Mais tu peux t'endormir dans ta nuit, ô Génie.
La France aura toujours sa splendeur infinie,
Et nul sans châtiment ne pourra l'outrager.
S'il lui faut notre sang, nous saurons le répandre,
Car il est dans nos rangs des *Cids* pour la défendre
    Des *Cids* pour la venger !

Un jour vient tôt ou tard où la revanche est faite.
Et nous pouvons te dire avec joie : « O Poëte,
Tiens, regarde tes fils, contemple tes enfants ! »
Car demain c'est le jour des saintes épopées,
Et demain, tes grands vers vont surgir en épées,
    Dans nos bras triomphants !

Ton ombre reverra les jours de la victoire,
Et fermes nous irons « *à la mort, à la gloire,* »

Sans haine, sans courroux, et marchant comme un seul.
Et puis nous reviendrons, noircis par la bataille,
Du vieux drapeau français, tout criblé de mitraille,
   Te refaire un linceul !

Vois, le combat est prêt, car la vengeance est prête.
Nous t'avons bien compris, n'est-ce pas, ô poëte ?
N'est-ce pas, ô Français, nous t'avons bien compris ?
A ton suprême appel notre ardeur se réveille,
La semence a germé et les fils de Corneille,
   Sont mûrs pour leur pays !

Donc, ô maître, salut ! Salut à toi, Corneille !
Que ta voix à jamais résonne à notre oreille
Comme un divin transport d'espérance et de foi.
Et puisque tes accents font tressaillir nos âmes,
Puisque tu nous conduis, puisque tu nous enflammes,
   Maître, salut à toi !

        Eug. Lapanne.

L'ÉPAVE

Au pied de la falaise où vient mourir la vague,
            Une épave gisait.
C'était un mât rompu, débris informe et vague,
Que l'alcyon, de l'aile, en se jouant, rasait.

Des cordages épars, le long de la mâture,
            Pendaient noirs et tordus.
Le flot montant baignait des lambeaux de voilure ;
On eût dit des linceuls sur le sable étendus !

Et la lune argentait ce cadavre de chêne,
            Pareille au blanc fanal
Que le gabier allume en tête de misaine,
Pour tracer dans la nuit un lumineux signal !...

D'où viens-tu triste épave, à travers les orages ?
            Redis-nous ton destin...
La mèr est un convive affamé de naufrages,
Et jette sur ses bords les débris du festin...

Au sein de la forêt, ta cime ombreuse et fière
        Se perdait dans les cieux ;
Lorsque du bûcheron la hache meurtrière
Dans la poudre étendit le géant orgueilleux !...

Colosse mutilé, tu relevas la tête
        Sur le pont d'un vaisseau :
Comme un aigle royal plane dans la tempête,
Tu défiais l'abîme en te penchant sur l'eau !...

Mais contre l'Océan, il n'est point de puissance
        Pour lui faire la loi.
Épave qui portas le drapeau de la France,
Un poëte sans nom le redira pour toi !

Alfred LARSONNEUR.

LONDRES

Des couloirs de prison, noircis, au kilomètre;
Des forêts de grands mâts sur des flots de vapeur;
Des jardins merveilleux dont le soleil a peur;
L'affreuse guillotine, armant chaque fenêtre;

Une odeur de houblon, de musc et de salpêtre;
Des ponts de fer géants, honteux de leur grandeur;
Un palais de dentelle, égarant sa splendeur
Dans un brouillard épais qui partout vous pénètre;

Des colosses de pierre; un Wellington tout nu;
De railways enragés un bruit sourd, continu;
Des haillons, des taudis, des fabriques de bière;

De la boue et des cris, d'infâmes cabarets;
Un constant cauchemar de luxe et de misère...
Est-ce bien Londres?... Oui, car je pars sans regrets.

Larvorre de Kerpér

LE LION DE LUCERNE

-oӁo-

Tu défendais jadis le palais de nos rois,
Noble lion vaincu, derrière ses murailles ;
Tu bravas avec eux le destin des batailles,
Et tu versas ton sang auprès d'eux, mille fois.

L'émeute seule osa voter tes funérailles.
Une tourbe en délire, un jour, fondit sur toi,
Et fidèle au devoir, victime de ta foi,
Tu tombas sous le fer plongé dans tes entrailles.

Mais de ton dévouement tu recueilles le prix ;
Un artiste fameux, de ton courage épris,
Te releva mourant, te fixa sur la pierre...

Tu revois ta patrie : on te dresse un autel ;
Et, taillé dans le flanc d'une montagne altière,
Par un prodige d'art, tu deviens immortel.

Larvorre de KERPÉNIC.

MAITRE LUC HAUSSECUEL

-o✕o-

Maître Luc est jauni comme un vieux parchemin. —
C'est un richard ! — Il a les moufles à la main
Et la ceinture aux reins de peur de la colique...!
C'est un savant ! Il lit l'*histoire véridique*
D'*Alain Chartier*... les *Deux Grébaus, Mathéolus,*
Le *Roman de la Rose...;* il sait par cœur les us
Et coustumes de France et l'escrit du roy Charle...
On écoute avec soin maistre Luc, quand il parle ! —
Messire Taillevent, le maistre queux du roy,
En grand concours de gens vient, le jour Saint-Eloy,
Commander pour l'hiver ses souliers à poulaine
Chez maistre Haussecuel, le héros de l'alène,
Et maistre Luc confond de saluts obligeants
Messire Taillevent, ses varlets et ses gens.
Maistre Luc est replet et c'est un fameux homme
Qui, s'il le veut, vous boit d'un trait son vidrecomme.

Les dimanches mauvais d'hiver, au Pot-d'Etain,
Maistre Luc joue aux dés avec le vieux Lubin
Et l'orfèvre Pasquier, un gros richard encore
Celui-là, mais voleur et faussaire, qui dore
Avec du cuivre, et qui peut perdre ses dix sols
Comme rien ! — Et Job, donc, l'archer aux hausse-cols
Rouillés, ce vieux bretteur qui cire ses moustaches
Et qui jure, en traitant ses copains de ganaches. —
Puis, quand le veilleur passe en frappant onze coups
Sur son disque de cuivre, on voit tous ces gens saouls,
Poussifs comme un soufflet, l'œil terne et le nez rouge,
De par ordre du roy débarrasser le bouge
Et rentrer au logis. — Pourtant Haussecuel
Est, dès le chant du coq, devant son escabel,
Dans la boutique basse avecque son compère
Gringoire le grivois, un vieux d'humeur légère
Qui dit des contes à faire peur aux petits,
Et dont les propos font rougir les apprentis ! —
A midi, le soleil fait un bout de visite,
Comme dit maistre Luc, en haut, chez la petite,
(La petite, c'est Berthe — on en parle tout bas —
Qui passe tout son temps à repriser les bas
De maistre Luc.) — De temps en temps on voit un page
Qui regarde aux carreaux — et maistre Luc enrage ! —

A la Vesprée, il vient parfois un vieil ami
Qui dit à maistre Luc avec son air blémi :
— « Maistre Luc, je connais un parti pour ta fille.
Un beau parti, mon cher... Sais-tu qu'elle est gentille? »
— Quel est le prétendant? — Ma foi, par saint Janvier !
C'est un Grand, bel et bien ! — Sait-il faire un soulier ?
— Maistre Luc, je te dis que c'est un gentilhomme !
Ta fille, ventrebleu, lui donnerait la pomme
En le voyant... Crois-tu, mon pauvre Luc, six pieds,
Trois châteaux, vingt-cinq ans, dix chiens, deux écuyers
— Sait-il faire un soulier ? — Mais non, te dis-je encore
C'est un Grand. Il est beau, mon cher, comme l'aurore !
Et brave... et leste et fort !... Mais il nous pourfendrait
D'un trait. — Il n'aura pas ma fille, il me tuerait.
Je ne veux à nul prix de ces galants maroufles,
Grands diseurs sans esprit ; je veux que les pantoufles
Que portera ma fille (et son pied est mignon,
Son pied ferait tourner la tête du démon,
Sais-tu, Blaise, mon vieux), je veux qu'elles soient faite
Par son heureux époux, et qu'elles soient coquettes
Et justes à son pied ! Voilà mon dernier mot :
L'homme qui n'est pas né cordonnier est un sot ! »
Et le vieux radoteur tient semblable langage
Depuis longtemps déjà. Berthe a dépassé l'âge
Où l'on contracte hymen et sa beauté s'endort.
Berthe a des fils d'argent parmi ses boucles d'or !

'est un beau livre qui n'a déjà plus de marges. —
lle porterait bien des pantoufles plus larges
ourtant, si l'on voulait lui donner un époux !
[ais Luc ne le veut pas ! C'est un sot entre nous !...

E. Le Mouel.

A MARC AMANIEUX

-o%o-

Poëte, je connais quel rêve te tourmente.
Ta muse, à la fois triste et sévère et charmante,
Un beau soir est venue, — et j'ai crié : merci ! —
En murmurant tes vers, me dire ton souci.
C'était à l'heure grave et calme où la nuit tombe.
— La nuit en descendant fait penser à la tombe,
Et dans les cieux en deuil qui pleurent le soleil,
L'étoile, en se levant, fait songer au réveil,
Et ce double inconnu, mêlé d'ombre et de flamme,
Qui jette comme un doux crépuscule en notre âme,
Vague et changeant reflet d'idéal, de réel,
Crée un monde qui n'est la terre ni le ciel :
C'est dans ce monde à part que le poëte habite. —
Or, ce soir-là, trouvant notre terre petite
Et l'infini trop grand et les hommes mauvais,
Comme toi, soucieux, poëte, je rêvais,
Me demandant à quels destins le sort nous livre.
Sous ma distraite main restait ouvert ton livre.

6.

L'orient blanchissait... la lune se leva ;
De sa douce clarté mon âme s'abreuva,
Et tandis qu'au Zénith fuyait un noir nuage,
L'un de ses blonds rayons, en tombant sur la page,
Où mon regard le suit, éclaira par hasard
Ce beau vers, qu'à Diva chante, enivré, Gérard,
Fier proscrit dont l'amour vient de briser la chaîne :
« Oh ! rien n'est beau, vois-tu, comme la vie humaine !... »
Ce ne fut qu'un éclair, mais je compris alors,
O poëte, ton but, ton rêve, tes efforts,
Car ta muse, soudain, prenant ton luth d'ivoire,
Aux sons harmonieux et purs, dans ma mémoire
Fit chanter mille échos frémissants de ton cœur,
Où vibrent puissamment la joie et la douleur,
Mais qu'entraîne toujours un idéal sublime
Aux champs de la lumière et loin de tout abîme.
Je compris... et je viens te crier à mon tour :
Oui, frère, rien n'est beau que la vie et le jour !
C'est par eux, tu l'as dit, et pour eux que nous sommes,
Et je veux, comme toi, vers eux guider les hommes !
Dans l'existence humaine en creusant nos sillons
Je veux faire avec toi jaillir plus de rayons
Pour ceux que la nuit trouble ou que l'ombre inquiète,
Car c'est bien là, vois-tu, la tâche du poëte,
Rêveur que Dieu sacra ministre du Progrès
Pour que, loin des bas-fonds où croissent les cyprès

Et que peuplent l'abus, les crimes et les fautes,
Il entraîne, en montant vers des sphères plus hautes,
Les esprits et les cœurs avides de clarté,
De justice, d'amour, de paix, de liberté,
Ces éternels reflets de la Bonté suprême !
Mais ne l'entends-tu pas?... C'est le Progrès lui-même
Qui parle.., Écoute ! Il veut, lui qui nous fait meilleurs,
Que, plaçant notre but sur terre, et non ailleurs,
— Peut-on savoir ce qui se passe en d'autres sphères ? —
Nous ne nous élevions qu'en grandissant nos frères ;
Il veut que l'œil pour qui plus de lumière a lui
Jette plus de rayons dans l'ombre autour de lui ;
Il veut que, sans sortir de l'humaine nature,
Chacun fasse pour tous l'existence plus pure
Et le bonheur plus grand ; il veut que, vers le bien,
Tout homme — fils, époux et père et citoyen —
Toute femme — qu'il rêve enfant, épouse et mère —
Tout être humain, enfin, humble atome éphémère,
Monte, en laissant à tous plus d'espoir, plus de jour,
Pour que ceux qui suivront en fassent plus d'amour,
Et qu'ainsi l'avenir, vers lequel il chemine,
Trouve l'humanité de plus en plus divine !

. . . .

Voilà ce qu'en tombant devant eux à genoux
Le poëte à jamais doit répéter à tous ;

Et voilà ce que, triste, en voyant que nous sommes
Si loin du but rêvé, ta muse dit aux hommes,
Et pourquoi tes beaux vers dans mon âme ont frémi,
M'attachent à ton rêve, et me font ton ami.

Julien Lugol.

LA PRISE

LÉGENDE BRETONNE

-o✗o-

L'Église s'assombrit sous les épais vitraux,
Chaque recoin perdu semble récéler l'ombre.
C'est l'heure où le frisson vous prend sous les arceaux
Quand la lampe d'autel, luisant dans la pénombre,
    Veille seule près des tombeaux.

A l'abri des regards, dans l'obscur baptistère,
L'oubli des habitants a caché saint Yvon.
C'est que, pour remplacer le bon vieux saint de terre,
La dame du manoir à l'église a fait don
    Du grand patron du Finistère.

— Un marin contemplait l'apôtre détrôné,
A l'heure où Satanas rôde dans les ténèbres :
« Pauvre saint ! disait-il, comme on t'a malmené !
« Qui donc t'a pris l'oreille et quels rongeurs funèbres
    « Sont venus te manger le nez ? »

Et l'homme ricanait et le Diable lui-même
Lui soufflait des gaîtés pour exciter son jeu,
Pendant que, protestant contre l'affreux blasphême,
La lampe, en tremblotant, laissant mourir son feu,
     Semblait crier à l'anathème.

Lors, le marin impie, au chef branlant du saint
Donnait, pour se moquer, des tapes familières :
« Je te plains, grand Yvon, plus de nez... plus de main
« Pour puiser, comme nous, au fond des tabatières,
     « La poudre chère à tout humain. »

En sifflant, il fouillait sa souquenille grise,
Content de son idée, il riait aux éclats...
Puis, s'adressant au saint : « Vieux, accepte une prise,
« Renifle, et, sans façon, te mouche avec fracas
     « Dans mon mouchoir de toile bise. »

Mais son bras étendu vers la tête d'Yvon
Resta pétrifié... son corps devint rigide...
Et la foule dévote, entrant pour le sermon,
S'écartait humblement et contemplait, stupide,
     Un recueillement si profond.

Comme l'ombre régnait dans le grand baptistère,
On crut qu'il était là pour accomplir un vœu.
A la fin, s'étonnant de sa longue prière,

Le bedeau s'enhardit, et le touchant un peu,
 Il le fit tomber en poussière.

Vous tous qui souriez en lisant mon récit,
Vous qui ne connaissez que moquerie et doute,
Demandez au bedeau le vrai sur tout ceci.
Il montrera l'endroit au tournant de la route
 Et dira le prodige aussi.

Si l'un, plus curieux, veut, dans la vieille église,
Chercher le coin obscur où le miracle eut lieu,
Et du profanateur voir la trace précise,
L'homme vous conduira dans la maison de Dieu
 En humant, distrait, une prise.

Vous verrez saint Yvon, sans oreilles, sans nez...
Et vos pas molliront sur le pavé de pierre,
Car, pour prouver qu'un sot en ce lieu fut damné,
On a, depuis cent ans, conservé la poussière
 Autour du vieux saint détrôné.

A. Marqui

LA BELLE DE NUIT

C'est une fleur des nuits qui s'ouvre après le jour.
Victor Hugo,

-oXo-

Quand à l'heure du soir, la brise est plus légère,
Quand le ciel est plus vague et quand l'air est plus frais,
Quand, sous la nuit d'été, le rapide éphémère
De son vol tournoyant caresse le marais,

Quand le sylphe s'endort sur le cœur d'une rose,
Hormis le ver luisant à la trace de feu,
Tout se cache ici-bas, et pas une fleur n'ose
Lever la tête encor quand le ciel n'est plus bleu.

Toi, fille de la Nuit, tu lui restes fidèle,
Et pour ouvrir ton sein tu crains l'éclat du jour,
Mais quand l'ombre s'étend, ta corolle révèle
Ses pétales brillants et son parfum d'amour.

Crois-tu donc être seule à chérir la nuit sombre?
Tes sœurs aiment le jour et le soleil riant,
Mais une fleur aussi s'épanouit à l'ombre:
C'est l'âme du poëte, et du poëte amant.

E. Michelet.

-o§§o-

A FRANÇOIS COPPÉE

-o✕o-

Oui, tu l'as dit, poëte, il faut qu'on se souvienne.
Hélas ! les chants guerriers font place aux chants grivois ;
Notre malheur récent est une chose ancienne ;
Et pourtant du canon, hier, grondait la voix.

Pourtant, hier encor, gémissait la Lorraine ;
Dans les plaines de l'Est on voit partout des croix !...
Chante, toi qui gardas comme une foi ta haine,
Aux Français d'aujourd'hui les Français d'autrefois.

Aux récits glorieux de la grande bataille,
Que le cœur endormi se réveille et tressaille ! —
Ressuscite l'honneur pour un instant banni.

Fais de tes vers l'écho de ton âme, ô Coppée !
Toi qui voudrais tenir, comme Alain de Mauny,
Le luth dans une main, et dans l'autre l'épée !...

O'Méray.

A SA MAJESTÉ LE ROI D'ESPAGNE

-o✕o-

Avoir vingt ans, régner sur la vaillante Espagne,
Dans un rêve étoilé marcher, et pour compagne
De bonheur et d'amour t'avoir, ô Mercédès ;
Entendre tous les vœux d'un peuple enthousiaste,
S'énivrer des élans de ta jeune âme chaste,
Fleur ravie aux jardins du frais Aranjuez ;

T'avoir prise, avoir dit d'une voix souveraine
Au monde émerveillé : Voici quelle est ma reine ! »
Rendre tout l'univers de l'Espagne jaloux.
Oh ! quelle rayonnante et belle destinée !
Jamais on ne vit tant de beauté couronnée;
Jamais port plus royal, jamais yeux noirs si doux !

Sire, l'on t'enviait ! — Dans Madrid tout en joie,
Les brunes sénoras, aux corsages de soie,
Avaient enguirlandé fenêtres et balcons ;
Et partout on voyait flotter les banderoles ;

L'allégresse éclatait aux cités espagnoles ;
Ce n'étaient que des jeux, des fêtes, des chansons.

Les cloches, ébranlant les vieilles cathédrales,
Conviaient en chantant à ces noces royales,
Où l'amour s'unissait avec la majesté,
Et du haut de l'autel, au peuple heureux, le prêtre
Disait que pour l'Espagne allait enfin renaître
Une ère de bonheur et de prospérité.

Hélas ! regarde, ô roi, ce que cinq mois à peine
Ont fait de cette belle et fraîche souveraine !
Sur son lit de repos on dirait qu'elle dort !
Non ! Ses yeux ont perdu leur douceur admirée ;
Le premier chant d'amour sur sa lèvre adorée
Fut suivi de bien près du dernier chant de mort...

C'est en vain, qu'en pleurant, dans tes bras tu la presses ;
Son corps ne peut répondre, hélas ! à tes caresses ;
Le trône l'a perdue ; elle est pour le cercueil.
Tu ne reconnais plus ta blanche fiancée,
Hier vive et rieuse, et maintenant glacée !
Où sont ces yeux si beaux qui faisaient ton orgueil ?

Ah ! la grandeur souvent possède sa misère,
Les rois traînent aussi bien des croix sur la terre,

Et ton malheur est grand et digne de pitié !
Roi, c'est un sombre honneur que s'asseoir seul au trône,
Et c'est lourd de porter, à vingt ans, la couronne,
Si l'amour bienfaisant n'en porte la moitié !

O'MERAY.

ÉTERNITÉ

A M. FRANCIS MELVIL

Membre d'honneur du Parnasse

Non omnis moriar.
HORACE.

-oХo-

I

Non, tu nas pas dit vrai ! Non, non ! c'est impossible !
Ton effrayant tableau n'est qu'un rêve menteur !
Ce serait trop cruel, trop triste et trop terrible :
Non, non, ce n'est qu'un mot, le néant destructeur.

Quoi donc ! la mort serait le terme de la vie,
Et l'ombre obscurcirait tous les feux du soleil,
Et notre âme, rayon de la flamme infinie,
S'endormirait un jour sans espoir de réveil !

Quoi ! tout s'engloutirait dans l'éternel abîme !
Tout le grand, tout le vrai, tout le beau, tout le bien,

Tout ce qui fut divin, héroïque et sublime !
L'univers tout entier irait se perdre en *Rien* !

Rien ! c'est donc pour cela que Dieu créa les mondes,
L'homme qu'il anima de son souffle immortel,
Et les immensités sereines et profondes,
Et la sainte lumière et les splendeurs du ciel !

C'est donc pour renverser cet ouvrage suprême,
Que pendant sept grands jours il le fit de sa main !
C'est donc pour le briser, ce miroir de lui-même,
Qu'il le tailla si beau, si pur et si divin !

Impossible ! Et d'ailleurs Dieu ne serait pas juste,
S'il jetait au néant l'univers confondu :
Le lâche et le héros, le profane et l'auguste,
Le bon et le méchant, le crime et la vertu ;

S'il égalisait tout au fond du même gouffre ;
Si le mal qui prospère en face du ciel bleu
Allait finir, sans peine, avec le bien qui souffre !
Non, cela ne se peut ! Dieu ne serait pas Dieu !

II

Le néant n'est qu'un mot. Quoi qu'en dise Lucrèce,
Malgré le suicide éloquent de Caton,

Cette foi pèse trop à mon cœur qu'elle oppresse,
Et je crois à Socrate, et je crois à Platon.

Rien ne meurt, mais tout change et tout se renouvelle :
L'hiver sombre fait place au printemps verdoyant,
Et notre pâle vie à la vie éternelle,
Comme l'ombre au soleil qui monte à l'orient.

Non : le néant n'est pas la fin de toute chose :
Cette vie est le seuil de l'immortalité ;
Notre mort ne sera qu'une métamorphose,
Et la tombe un berceau pour notre éternité !

Les siècles auront beau s'accumuler sans nombre,
Et nous ensevelir vivants sous leurs monceaux,
Secouant leur linceul et sortant de leur ombre,
Nous lèverons la tête au-dessus des tombeaux !

Notre âme voguera sur l'Océan immense
Formé par le déluge universel des temps ;
Elle ira sans sombrer, autre arche d'alliance,
Aborder au rivage inabordable aux ans,

Notre âge, goutte d'eau dans la mer de l'histoire,
Ne sera point connu du futur univers :
Nos descendants un jour perdront notre mémoire
Qui s'évaporera dans le vague des airs.

Mais quand nous vivrons tous de la nouvelle vie,
Dans ce monde éternel que verra l'avenir,
Du passé tout entier, notre âme rajeunie,
Conservera toujours l'immortel souvenir.

Tout nous sera présent : le Soleil de Justice
Illuminera tout de ses divins rayons;
L'égoïsme, le mal, le bien, le sacrifice,
Paraîtront à nos yeux sous leurs vrais horizons.

III

Les travaux acharnés, les luttes héroïques,
Les efforts inouïs, immenses, surhumains,
Les veilles, les douleurs, les rêves magnifiques
Et les grands dévouements, non, ne seront pas vains !

C'est là notre plus chère et plus douce espérance :
La croyance au néant désespère le bien,
Aux héros ignorés ôte leur récompense,
Et semble dire au mal : « Avance : ne crains rien

Oh ! nous avons besoin pour vivre dans ce monde,
Pétri dans l'injustice et tout plein de malheur,
D'une foi confiante, immuable et profonde
En une éternité, juge réparateur !

Là chacun sera grand comme il aurait dû l'être,
Si l'on avait su bien estimer sa valeur,
Ou si l'on avait pu la voir et la connaître :
Là, chacun sera haut de toute sa hauteur.

Socrate, Homère, Eschyle, Hésiode, Aristide,
Léonidas, Tyrtée, et tous ces noms fameux
Qui brillent parmi tous d'une lueur splendide,
Astres grecs, aussi beaux que les astres des cieux ;

Et tous les grands Romains, dignes de leur patrie,
Scévola, Décius, Régulus et Brutus ;
Et nos frères, tes fils, ô ma France chérie,
Tes Solon, tes Coclès, et tes Cincinnatus ;

Et les grands cœurs obscurs, inconnus de l'histoire,
Les martyrs du travail, du progrès, du devoir,
Tous porteront au front les signes de leur gloire,
Et dans tout leur éclat nous pourrons les revoir.

Leurs couronnes seront plus grandes et plus belles ;
Une auréole d'or les ceindra de ses feux,
Et, jetant tout autour des gerbes d'étincelles,
Elle ensoleillera leur siéges radieux !

IV

Pour pouvoir, nous aussi, boire cette lumière,
Et baigner notre esprit dans les gloires du ciel,
Ne sacrifions plus à la vile matière
Au sein du temple étroit et fini du Réel;

O poëte, laissons à notre âme ses ailes,
Ses espoirs infinis, son rêve ravissant
Qui lui montre au lointain des fêtes éternelles,
Et là, préparons-nous un trône éblouissant.

Travaillons, travaillons à remplir nos journées :
Toujours de mieux en mieux... plus haut, plus haut encor
Agrandissons toujours, toujours nos destinées,
Et nous retrouverons tout après notre mort.

Combattons vaillamment : la vie est une lutte :
En avant ! Il en faut sortir victorieux !
Du cœur et de l'espoir , et surtout pas de chute :
Le laurier éternel nous attend dans les cieux !

Marchons : la tombe est bien au bout de notre voie
Mais la tombe est la clé de l'immortalité ;
Sans craindre le néant avançons avec joie,
Puisque c haque chemin mène à l'Eternité.

Marius POUGET.

LA SAINT-JEAN

-oΧo-

Quitte l'âpre sommet et descends, ô poëte !
Jamais soleil, paré de tous ses diamants,
Ne s'est levé plus gai sur des fronts plus riants ;
C'est demain la Saint-Jean, l'aimable et douce fête.

La jeune fille songe à sa fraîche toilette,
Et dans chaque maison, toute pleine de chants,
L'âme des fleurs voltige en parfums triomphants ;
C'est demain la Saint-Jean, et partout l'on s'apprête.

O chers petits enfants, si doux, si beaux à voir,
Que de joyeux baisers vont s'échanger ce soir,
A l'heure impatiente où le festin s'achève !

— Et toi, dont le front triste appelle la pitié,
Pauvre garçon pensif, oubliant, oublié,
Prends ton bâton, poëte, et retourne à ton rêve !

Jean Sigaux.

ÉPITRE A MON FRÈRE

« *Patere et labora.* »

-o⚜o-

Tu vas avoir seize ans, mon frère, et le lycée
Avec ses grands murs noirs dont la vue est blessée,
Ses sombres corridors, ses grilles et sa cour
Dont tes pas ennuyés font tant de fois le tour,
Ses maîtres dont la voix, de seconde en seconde,
Rappelle l'écolier au devoir, et le gronde ;
Le lycée, où, pour toi, les ans suivent les ans,
Commence à te peser aujourd'hui, je le sens !

Loin de nous, dont tu sais la profonde tendresse,
Ton cœur doit bien souvent se gonfler de tristesse,
En songeant au bonheur si calme et si réel
Que l'on goûte là-bas, au foyer paternel.
Quand la brise du soir, au hasard envolée,
Accourt de monts en monts, de vallée en vallée,
En caressant les fleurs et les oiseaux ravis,
Des lieux où nous vivons jusqu'aux lieux où tu vis,

Elle doit réveiller ton âme qui sommeille,

En murmurant, tout bas, nos noms à ton oreille.

Ta lèvre tremble alors, tandis que de tes yeux,

Descendent lentement des pleurs silencieux !

Dans tes bras, tu voudrais pouvoir, à l'instant même,

Presser étroitement la famille qui t'aime ;

Près de nous tu voudrais te sentir transporté,

Et ton esprit ému rêve de liberté !...

C'est si bon, n'est-ce pas ? de savoir qu'on est libre,

Qu'on peut rire et causer sans qu'une voix qui vibre

Ne vienne châtier tant de témérité

Au moyen d'un pensum parfois immérité !

C'est si bon de pouvoir, sans craindre aucun reproche,

Loin du bruit du tambour, ou du son de la cloche,

Dormir bien tard, l'hiver, au fond d'un lit bien blanc,

D'où petit à petit on s'arrache en tremblant ?

Comme toi, j'ai connu ces regrets, ces souffrances,

Ces sanglots étouffés et puis ces espérances !

Tout ce que tu ressens, va, je l'ai ressenti,

Quand tu n'étais encor qu'un enfant tout petit.

Aujourd'hui que pour moi cette époque est passée

Et que son souvenir revient à ma pensée,

Je m'accuse et me juge et me blâme, vois-tu,

De mon peu de courage et dis : « Si j'avais su ! »

Si j'avais su, j'aurais alors séché mes larmes,

J'eusse oublié ce que la famille a de charmes ;

Et les instants perdus à trop m'en souvenir
Auraient pu s'employer à fonder l'avenir !...
Ce que je n'ai pas fait, ne peux-tu point le faire?
C'est le grand frère, ici, qui parle au petit frère,
Et qui met à profit ses erreurs, tu le vois,
Afin de t'empêcher d'y tomber cette fois.
Que cette liberté qui te paraît si belle,
Que ton cœur entrevoit au loin, et vers laquelle,
Comme au suprême port, tu voudrais arriver ;
Que cette liberté qui te fait tant rêver
Et que longtemps encor tu ne pourras connaître,
Ne te détourne pas des leçons de ton maître !
Quel que soit ton désir ardent de nous revoir,
Songe bien, avant tout, à remplir ton devoir;
Que le temps passera plus gaîment et plus vite
En donnant au travail l'heure qui t'est prescrite ;
Songe que l'avenir tout entier, le bonheur,
La fortune, peut-être, et la paix de ton cœur
Dépendent désormais de toi seul, de toi-même,
Et que le laboureur récolte comme il sème !

Albert TRONCHE.

LA MOUETTE

La mouette légère, aux surfaces des ondes,
Dessine en se jouant de sinueux sillons,
Et flotte sur les mers en vagues tourbillons,
Dans des reflets d'argent et des lumières blondes.

Elle rase en glissant le sein des eaux profondes,
Et boit, philtres subtils, leurs émanations,
Et dans l'or scintillant des mobiles rayons
S'abandonne aux douceurs des lumineuses rondes.

La tempête la berce et dilate son cœur,
La houle, en l'emportant, lui prête sa vigueur
Et trempe en l'air salin les aciers de son aile.

Elle se réjouit au sein des flots amers,
Et bienheureux celui qui peut planer, comme elle,
Sur l'infini des monts ou des crêtes des mers.

Jacques VILLEBRUNE,

LES PARISIENNES A MONACO

-oӾo-

Loin de l'âpre frimat et des brumes du Nord,
Elles viennent ici comme des hirondelles,
Et bien des cavaliers s'empressent autour d'elles,
Pour voir dans nos soleils leurs yeux plus doux encor.

Monaco les appelle au tintement de l'or,
Le seul amant auquel elles restent fidèles ;
Nous les voyons s'abattre en des battements d'ailes
Sur sa plage indolente où la vague s'endort.

Elles vont promenant en des pâleurs d'agathes,
Dans nos doux paradis leur beauté délicate,
Leurs yeux diamantés d'un plus riche orient ;

Et, près de ce flot bleu des Anadyomènes,
Imprégné d'infini, leur regard souri. nt
Prend le magique éclat des profondes sirènes.

Jacques VILLEBRUNE.

6*.

TABLE DES MATIÈRES

PAR NOMS D'AUTEURS

-c✠o-

LAIGLE (ORNE). — IMPRIMERIE P. MONTAUZÉ

LE PARNASSE

ORGANE DES CONCOURS LITTÉRAIRES DE PARIS

~~~~~~~

LE PARNASSE *compte parmi ses collaborateurs les plus célèbres poëtes de Paris et de la province. — Il ouvre chaque mois un concours de poésie.*

MEMBRES DU COMITÉ DES CONCOURS

MM. Georges BERRY, Henri de BORNIER, François COPPÉE
Alfred des ESSARTS, Arsène HOUSSAYE, Eugène MANUEL,
Germain PICARD, Aurélien SCHOLL.

LE PARNASSE *paraît le 15 de chaque mois*

PRIX DE L'ABONNEMENT : **12** FRANCS PAR AN

Imp. typ. et lith. P. MONTAUZÉ à Laigle (Orne).

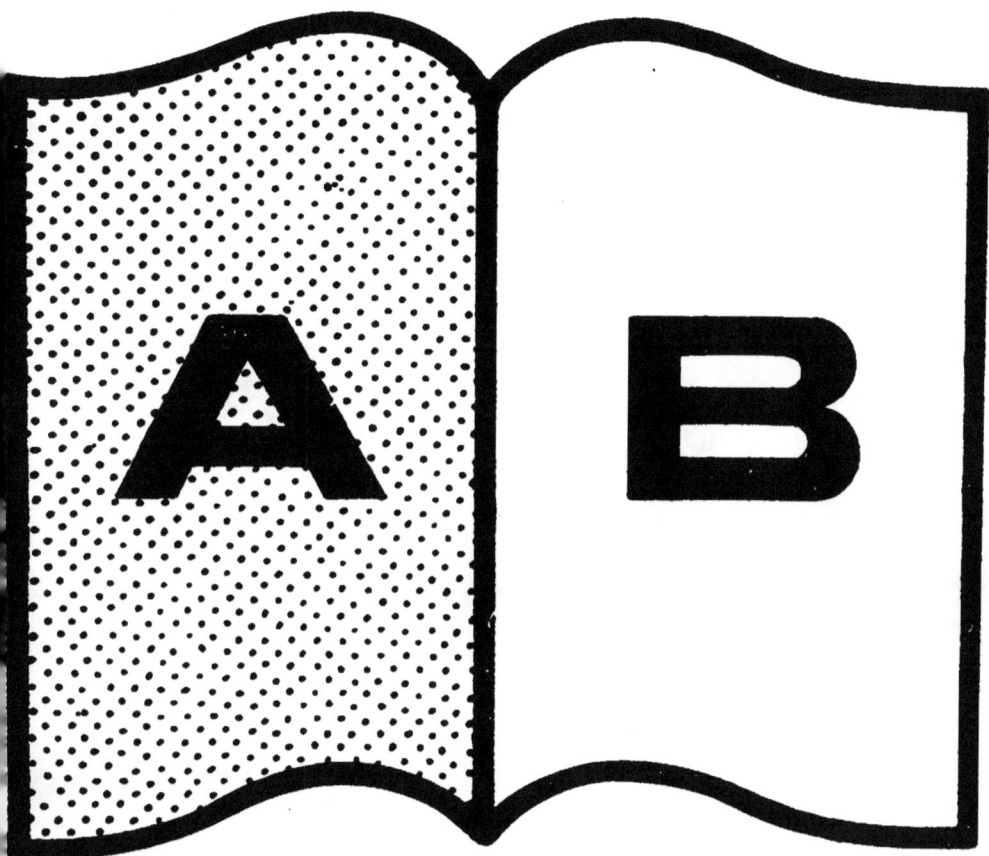

Contraste insuffisant

NF Z 43-120-14